危险化学品从业人员安全培训系列教材

危险化学品经营安全

方文林　主　编

U0263342

中国石化出版社

内 容 提 要

　　本书全面阐述了危险化学品经营企业精细化管理与风险管控的最新要求，讲述了安全文化与应急文化建设的方法，特别介绍了重大突发事件情景构建和事故管理，推荐了经营企业安全监管检查表，对经营企业严控安全风险，提高企业竞争力，完善应急预案和应急准备具有重大意义。同时，本书还介绍了开设经营企业应具备的条件、从业人员应具备的素质和现场应具备的标志标识，重点讲述了经营企业"新改扩"建设项目行政许可要求，讲解了企业经营许可和非药品类易制毒化学品经营的许可与备案，概述了经营企业一书一签管理和重大危险源管理内容，详细介绍了危险化学品的灌（充）装安全。

　　本书可供从事化学工业的工程技术人员、环保和安全管理人员、危险化学品生产经营单位的管理人员、技术人员及政府安全监督部门工作人员等培训和参考使用，也可作为高等院校化工类专业和安全工程专业的教学参考用书。

图书在版编目（CIP）数据

危险化学品经营安全／方文林主编. —北京 ：中国
石化出版社，2016.6
危险化学品从业人员安全培训系列教材
ISBN 978-7-5114-4038-9

Ⅰ . ①危… Ⅱ . ①方… Ⅲ . ①化工产品-危险物品管
理-安全培训-教材 Ⅳ . ①TQ086.5

中国版本图书馆 CIP 数据核字（2016）第 104934 号

中国石化出版社出版发行

地址:北京市东城区安定门外大街 58 号
邮编:100011　电话:(010)84271850
读者服务部电话:(010)84289974
http://www.sinopec-press.com
E-mail:press@ sinopec.com
北京科信印刷有限公司印刷
全国各地新华书店经销

*

787×1092 毫米 16 开本 10.25 印张 257 千字
2016 年 6 月第 1 版　2016 年 6 月第 1 次印刷
定价:35.00 元

《危险化学品经营安全》
编委会

主　　编　方文林

编写人员　慕长茂　鲜爱国　程　军

　　　　　马洪金　张鲁涛　陈凤棉

审稿专家　李东洲　杜红岩　李福阳

前　言

　　本书涉及的危险化学品经营单位主要包括加油站、石油库、工业气体销售站、建材商店、油漆化工商店等，内容涉及如何开设危险化学品经营企业、应该具备什么条件、如何提高经营安全管理水平、如何应对重大突发事件等。鉴于这些问题，作者联合"危险化学品从业人员安全培训系列教材"丛书的专家，对我国的危险化学品经营企业相关要求进行了归纳整理。

　　危险化学品经营设施的"新建、改建、扩建"必须按照政府最新要求，实行相关的设立安全条件审查、安全预评价、安全设施设计、安全设施的施工与监理、试生产(使用)和安全设施竣工验收等"三同时"管理。对涉及"两重点一重大"的现役经营设施，应根据国家重点监管的危险化学品名录、《危险化学品重大危险源监督管理暂行规定》(安全监管总局令第40号)、《危险化学品重大危险源安全监控通用技术规范》(AQ 3035)、《危险化学品重大危险源罐区现场安全监控装备设置规范》(AQ 3036)，全面进行油库自动化安全监控改造、加油站贯标改造，本书重点介绍了改造的过程管理和安全验收方法和验收表格。

　　经营企业必须大力推进危险化学品经营企业精细化管理与风险管控，广泛开展安全文化与应急文化建设，并对重大突发事件进行情景构建和事故管理，这是现代企业安全管理的最新要求。本书还推荐了经营企业安全监管检查表，包括危险化学品经营企业安全检查共性要求、经营场所安全检查要求、加油站安全检查专业要求等内容，有助于经营企业排查隐患、消除隐患，达到本质安全。

　　由于水平有限和时间仓促，书中不妥之处请各位提出宝贵意见和建议，以便再版时修正。

目　录

第1章 危险化学品经营企业概况

1.1 危险化学品经营企业界定及范围

危险化学品经营单位主要是加油站、石油库、工业气体销售站、建材商店、油漆化工商店等。在一些省市的危险化学品从业单位中，经营企业占到了近50%，其中加油加气站约占经营企业总数的50%，工业气体销售站约占20%，其他类危险化学品经营单位约占20%。另外还有剧毒品经营单位、溶解乙炔经营单位等。

通常所讲的成品油，泛指石油成品油，也称之为石油产品。它是原油经过常减压蒸馏和各种转化、精制等石油炼制工艺而获得的各种动力燃料、照明用油、溶解剂、绝缘剂、冷却剂、润滑剂及用途广泛、品种繁多的化工原材料等在内的石油产品的一部分。成品油主要包括汽油、煤油、柴油、润滑油和润滑脂等五大类。成品油不仅是关系国计民生的重要战略物资，更具有易燃易爆等危险特性。根据《安全生产法》和《危险化学品安全管理条例》，国家对成品油经营销售实行许可制度，并将其纳入甲种经营许可证管理。今后，凡未取得甲种危险化学品经营许可证的成品油经营单位将不得经营销售成品油。

石油库和加油站作为成品油批发与零售经营业务的主体，具体承担着成品油的接卸、存储和销售工作。为此，本章将围绕成品油经营单位的安全管理重点介绍石油成品油的危险特性、石油库及加油站爆炸危险区域的划分，以及相关的安全技术与管理方面的知识。

经营企业三种类型：不带有储存设施的经营企业、带有储存设施的经营企业和仓储经营的企业。

我国对危险化学品经营（包括仓储经营）实行许可制度，未经许可任何单位和个人不得经营危险化学品。依法设立的危险化学品生产企业在其厂区范围内销售本企业生产的危险化学品，不需要取得危险化学品经营许可。

1.2 危险化学品经营企业应具备的条件

1.2.1 危险化学品经营企业的基本要求

(1)有符合国家标准、行业标准的经营场所，储存危险化学品的，还应当有符合国家标准、行业标准的储存设施；

(2)从业人员经过专业技术培训并经考核合格；

(3)有健全的安全管理规章制度；

(4)有专职安全管理人员；

(5)有符合国家规定的危险化学品事故应急预案和必要的应急救援器材、设备；

(6)法律、法规规定的其他条件。

从事剧毒化学品、易制爆危险化学品经营的企业，应当向所在地设区的市级人民政府安全生产监督管理部门提出申请，从事其他危险化学品经营的企业，应当向所在地县级人民政府安全生产监督管理部门提出申请(有储存设施的，应当向所在地设区的市级人民政府安全生产监督管理部门提出申请)。

设区的市级人民政府安全生产监督管理部门和县级人民政府安全生产监督管理部门应当将其颁发危险化学品经营许可证的情况及时向同级环境保护主管部门和公安机关通报。

申请人持危险化学品经营许可证向工商行政管理部门办理登记手续后，方可从事危险化学品经营活动。法律、行政法规或者国务院规定经营危险化学品还需要经其他有关部门许可的，申请人向工商行政管理部门办理登记手续时还应当持相应的许可证件。

危险化学品经营企业储存危险化学品的，应当遵守法律法规关于储存危险化学品的规定。

危险化学品经营企业不得向未经许可从事危险化学品生产、经营活动的企业采购危险化学品，不得经营没有化学品安全技术说明书或者化学品安全标签的危险化学品。

1.2.2　危险化学品经营企业应具备的条件

1.2.2.1　经营场所、储存设施和建筑物

危险化学品经营企业要有符合国家法律法规、标准规定的经营场所、储存设施、运输及装卸工具等。其中经营条件、储存条件要符合《危险化学品经营企业开业条件和技术要求》(GB 18265—2000)、《常用危险化学品贮存通则》(GB 15603—1995)等相关规定；建筑物应符合《建筑设计防火规范》(GB 50016—2014)、《爆炸危险场所安全规定》〔劳发(1995)56号〕、《仓库防火安全管理规则》(公安部令第6号)等要求。建筑物应当经公安消防部门验收合格。

1.2.2.2　经营单位的基本条件

(1)经营和储存场所、设施、建筑物符合国家标准《建筑设计防火规范》(GB 50016—2014)、《爆炸危险场所安全规定》〔劳发(1995)56号〕和《仓库防火安全管理规则》(公安部令第6号)等规定，建筑物应经公安消防机构验收合格。

(2)经营条件、储存条件符合《危险化学品经营企业开业条件和技术要求》(GB 18265—2000)、《常用危险化学品贮存通则》(GB 15603—1995)的规定。

(3)单位主要负责人和主管人员、安全生产管理人员和业务人员经过专业培训，并经考试，取得上岗资格。

(4)有健全的安全管理制度和岗位安全操作规程。

(5)有本单位事故应急救援预案。

1.2.2.3　经营单位的经营条件

危险化学品经营单位的场所、设施、建筑物和经营条件即危险化学品经营单位的开业条件有如下4点具体要求：

(1)危险化学品经营单位的经营场所应坐落在交通便利、便于疏散处。

(2)危险化学品经营单位的建筑物应符合《建筑设计防火规范》的要求。

《建筑设计防火规范》是我国强制性标准之一，该标准曾经多次修订，其最新的现行版本为2014年版。该规范将具有火灾危险性的物质按其理化特性分为甲、乙、丙、丁、戊五类；按建筑构件的燃烧性能和耐火极限将建筑物分为一、二、三、四级耐火等级；依据物质的类别和建筑物的耐火等级对建筑物的层数、面积、防火间距、防爆措施和消防设施等都作了具体的规定。按照规定，经营单位的建筑物应当经公安消防机构验收合格。

（3）从事危险化学品批发业务的单位，应具备经县级以上（含县级）公安消防部门批准的专用危险品仓库（自有或租用）。所经营的危险化学品不得存放在业务经营场所。

（4）零售业务只许经营除爆炸品、放射性物品、剧毒物品以外的危险化学品。

对于零售业务的店面，还有如下 10 点具体要求：

① 零售业务的店面应与繁华商业区或居住人口稠密区保持 500m 以上的距离。

② 零售业务的店面经营面积（不含库房）应不小于 60m²，其店面内不得设有生活设施。

③ 零售业务的店面内只许存放民用小包装的危险化学品，其存放总量不得超过 1t。

④ 零售业务的店面危险化学品的摆放应布局合理，禁忌物件不能混放。综合性商场（含建材市场）所经营的危险化学品应有专柜存放。

⑤ 零售业务的店面内显著位置应设有禁止明火等警示标志。

⑥ 零售业务的店面内应放置有效的消防、急救安全设施。

⑦ 零售业务的店面与存放危险化学品的库房（或罩棚）应有实墙相隔。库房内单一品种存放量不能超过 500kg，总质量不能超过 2t。

⑧ 零售店面备货库房应根据危险化学品的性质与禁忌分别采用隔离储存、隔开储存或分离储存等三种不同方式进行储存。

⑨ 店面备货库房应报公安、消防部门批准。经营易燃易爆品的企业，应向县级以上（含县级）公安、消防部门申领易燃易爆品消防安全经营许可证。

⑩ 经营企业应向供货方索取并向用户提供危险化学品安全技术说明书。

1.3 危险化学品从业人员应具备的素质与条件

《安全生产法》规定，生产经营单位的主要负责人和安全管理人员必须具备与本单位所从事的生产经营活动相对应的安全生产知识和安全管理能力。

《危险化学品经营企业开业条件和技术要求》规定危险化学品经营企业的法定代表人或经理应经过国家授权部门的专业培训，取得合格证书方能从事经营活动。业务经营人员应经国家授权部门的专业培训，取得合格证书方能上岗。经营剧毒品企业的人员，除上述要求外，还应经过县级以上（含县级）公安部门的专门培训，取得合格证书方可上岗。

各危险品经营单位的主要负责人和主管人员、安全生产管理人员和业务人员应根据相关规定，参加有关内容的专业培训并经考核合格，取得上岗作业证。培训内容包括有关法律法规、规章和安全知识、专业技术、职业卫生防护和应急救援等知识。

经营单位从业人员的技术要求：

（1）国家要求经营单位的主要负责人和主管人员，应经国家授权部门的专业培训，并取得合格证书方能从事经营销售活动。

（2）国家要求经营单位的安全生产管理人员和业务人员，应经国家授权部门的专业培训，取得合格证书方能上岗。

（3）对于经营剧毒物品单位的人员，除了要满足上述专业培训和取得合格证书的要求之外，还应经过县级以上（含县级）公安部门的专业培训，取得合格证书方可上岗。

上述技术要求的目的是希望从事危险化学品经营销售单位的有关人员，能懂得与危险化学品有关的基本知识和安全管理知识，以便能够正确和及时处理经营销售过程中出现的问题。同时上述技术要求也是申办经营许可证时的必备条件之一。

第 2 章　危险化学品"新改扩"建设项目行政许可

2.1　危险化学品建设项目安全审查

为加强对危险化学品的安全管理，必须从建设阶段开始就为后续的生产过程创造必要的安全条件，为此，国家安监总局根据《安全生产法》和新修订的《危险化学品安全管理条例》（国务院 591 号令）专门制定了《危险化学品建设项目安全监督管理办法》（国家安监总局第 45 号令），以规范危险化学品建设项目安全审查工作，自 2012 年 4 月 1 日起施行。国家安监总局 2006 年 9 月 2 日公布的《危险化学品建设项目安全许可实施办法》（国家安监总局第 8 号令）同时废止。

2015 年 4 月 2 日国家安全生产监督管理总局公布了第 77 号令，对《建设项目安全设施"三同时"监督管理暂行办法》（国家安监总局第 45 号令）进行了修改，自 2015 年 5 月 1 日起施行。

2.1.1　危险化学品建设项目安全审查范围的界定

建设项目是指经县级以上人民政府及其有关主管部门依法审批、核准或者备案的经营单位新建、改建、扩建工程项目。

建设项目安全设施，是指经营单位在生产经营活动中用于预防生产安全事故的设备、设施、装置、构（建）筑物和其他技术措施的总称。

经营单位是建设项目安全设施建设的责任主体。建设项目安全设施必须与主体工程同时设计、同时施工、同时投入生产和使用（以下简称"三同时"）。安全设施投资应当纳入建设项目概算。

中华人民共和国境内从事危险化学品生产、储存、使用、经营的单位在新建、改建、扩建危险化学品生产、储存的建设项目以及伴有危险化学品产生的化工建设项目（包括危险化学品长输管道建设项目）属于安全审查范围。而危险化学品的勘探、开采及其辅助的储存，原油和天然气勘探、开采的配套输送及储存，城镇燃气的输送及储存等建设项目，不属于安全审查范围。

建设项目安全审查，包括建设项目安全条件审查、安全设施的设计审查。

2.1.2　危险化学品建设项目安全审查的受理部门

建设项目的安全审查由建设单位申请，安监部门根据规定分级负责实施。建设项目未通过安全审查的，不得开工建设或者投入生产（使用）。

各级安监部门具体分工如下：

（1）国家安全生产监督管理总局

国家安全生产监督管理总局对全国建设项目安全设施"三同时"实施综合监督管理，并在国务院规定的职责范围内承担有关建设项目安全设施"三同时"的监督管理。受理下列建设项目的安全审查：国务院审批(核准、备案)的建设项目；跨省、自治区、直辖市建设项目的安全审查。

（2）县级以上地方各级安全生产监督管理部门

县级以上地方各级安全生产监督管理部门对本行政区域内的建设项目安全设施"三同时"实施综合监督管理，并在本级人民政府规定的职责范围内承担本级人民政府及其有关主管部门审批、核准或者备案的建设项目安全设施"三同时"的监督管理。

跨两个及两个以上行政区域的建设项目安全设施"三同时"由其共同的上一级人民政府安全生产监督管理部门实施监督管理。

上一级人民政府安全生产监督管理部门根据工作需要，可以将其负责监督管理的建设项目安全设施"三同时"工作委托下一级人民政府安全生产监督管理部门实施监督管理。

省市安全生产监督管理局负责实施下列建设项目的安全审查：

① 国务院投资主管部门审批(核准、备案)的；

② 省市政府或省市政府相关主管部门审批(核准、备案)的；

③ 跨区(县)的；

④ 国家安全生产监督管理总局委托实施安全审查的。

区县安全生产监督管理局负责实施下列建设项目的安全审查：

① 本行政区域内除国家和市级安全生产监督管理部门实施安全审查以外的建设项目；

② 省市安全生产监督管理局委托实施安全审查的建设项目。

安全生产监督管理部门应当加强建设项目安全设施建设的日常安全监管，落实有关行政许可及其监管责任，督促经营单位落实安全设施建设责任。

2.2 建设项目的设立安全条件审查

2.2.1 建设项目设立安全条件审查的分级

国家安全生产监督管理总局指导、监督全国建设项目安全审查的实施工作，并负责实施国务院审批(核准、备案)的、跨省、自治区、直辖市的建设项目。

省、自治区、直辖市人民政府安全生产监督管理部门指导、监督本行政区域内建设项目安全审查的监督管理工作，负责安全审查国务院投资主管部门审批(核准、备案)的、省级安全生产监督管理部门确定的国务院审批(核准、备案)的其他建设项目。确定并公布本部门和本行政区域内由设区的市级人民政府安全生产监督管理部门(以下简称市级安全生产监督管理部门)实施的前款规定以外的建设项目范围，并报国家安全生产监督管理总局备案。

上级安全生产监督管理部门可以根据工作需要将其负责实施的建设项目安全审查工作委托下一级安全生产监督管理部门实施。接受委托的安全生产监督管理部门不得将其受托的建设项目安全审查工作再委托其他单位实施。委托实施安全审查的，审查结果由委托的安全生产监督管理部门负责。跨省、自治区、直辖市的建设项目和生产剧毒化学品的建设项目，不得委托实施安全审查。涉及国家安全生产监督管理总局公布的重点监管危险化工工艺的和重点监管危险化学品中的有毒气体、液化气体、易燃液体、爆炸品，且构成重大危险源的建设项目不得委托县级人民政府安全生产监督管理部门实施安全审查。

2.2.2 建设项目安全预评价

经营单位建设下列建设项目，应当在进行可行性研究时，委托具有相应资质的安全评价机构，对其建设项目进行安全预评价，并编制安全预评价报告。建设项目安全预评价报告应当符合国家标准或者行业标准的规定，还应当符合有关危险化学品建设项目的规定：

(1) 非煤矿矿山建设项目；

(2) 经营、储存危险化学品(包括使用长输管道输送危险化学品，下同)的建设项目；

(3) 经营、储存烟花爆竹的建设项目；

(4) 使用危险化学品从事生产并且使用量达到规定数量的化工建设项目(属于危险化学品生产的除外，以下简称化工建设项目)；

(5) 法律、行政法规和国务院规定的其他建设项目。

2.2.3 建设项目的设立安全条件审查应提交的资料

建设单位应当在建设项目开始初步设计前，按要求进行网上申报并向相应的安全生产监督管理部门提交下列文件、资料申请建设项目安全条件审查：(1)建设项目安全条件审查申请书及文件；(2)建设项目安全条件论证报告；(3)建设项目安全评价报告；(4)建设项目批准、核准或者备案文件和规划相关文件的复制件(国有土地使用证等不得替代规划许可文件，对于现有企业拟建符合城市规划要求且不新增建设用地的建设项目，建设单位可仅提交建设规划主管部门颁发的建设工程规划许可证)；(5)工商行政管理部门颁发的企业营业执照或者企业名称预先核准通知书的复制件。

2.2.4 实施建设项目的设立安全条件审查

安全生产监督管理部门对已经受理的符合安全条件审查申请条件的建设项目，指派有关人员或者组织专家对申请文件、资料进行审查，并自受理申请之日起45日内向建设单位出具建设项目安全条件审查意见书。建设项目安全条件审查意见书的有效期为2年。根据法定条件和程序，需要对申请文件、资料的实质内容进行核实的，安全生产监督管理部门将指派两名以上工作人员对建设项目进行现场核查。

对下列建设项目，安全条件审查不予通过：(1)安全条件论证报告或者安全评价报告存在重大缺陷、漏项的，包括建设项目主要危险、有害因素辨识和评价不全或者不准确的；(2)建设项目与周边场所、设施的距离或者拟建场址自然条件不符合有关安全生产法律、法规、规章和国家标准、行业标准的规定的；(3)主要技术、工艺未确定，或者不符合有关安全生产法律、法规、规章和国家标准、行业标准的规定的；(4)国内首次使用的化工工艺，未经省级人民政府有关部门组织安全可靠性论证的；(5)对安全设施设计提出的对策与建议不符合法律、法规、规章和国家标准、行业标准的规定的；(6)未委托具备相应资质的安全评价机构进行安全评价的；(7)隐瞒有关情况或者提供虚假文件、资料的。

建设项目未通过安全条件审查的，建设单位经过整改后可以重新申请建设项目安全条件审查。已经通过安全条件审查的建设项目有下列情形之一的，建设单位应当重新进行安全条件论证和安全评价，并申请审查：(1)建设项目周边条件发生重大变化的；(2)变更建设地址的；(3)主要技术、工艺路线、产品方案或者装置规模发生重大变化的；(4)建设项目在安全条件审查意见书有效期内未开工建设，期限届满后需要开工建设的。

2.3 建设项目的安全设施设计审查

建设单位应当在通过安全条件审查之后委托设计单位编写危险化学品建设项目安全设施设计专篇并向相应安全生产监督管理局申报进行安全设施设计专篇审查。

2.3.1 建设项目安全设施设计专篇

经营单位在建设项目初步设计时，应当委托有相应资质的初步设计单位对建设项目安全设施同时进行设计，编制安全设施设计。安全设施设计必须符合有关法律、法规、规章和国家标准或者行业标准、技术规范的规定以及建设项目安全条件审查意见书、《化工建设项目安全设计管理导则》(AQ/T 3033)对建设项目安全设施进行设计，并尽可能采用先进适用的工艺、技术和可靠的设备、设施。建设项目安全设施设计还应当充分考虑建设项目安全预评价报告提出的安全对策措施。并按照《危险化学品建设项目安全设施设计专篇编制导则》的要求编制建设项目安全设施设计专篇。

建设单位在建设项目设计合同中应主动要求设计单位对设计进行危险与可操作性(HAZOP)审查，并派遣有生产操作经验的人员参加审查，对 HAZOP 审查报告进行审核。涉及"两重点一重大"和首次工业化设计的建设项目，必须在基础设计阶段开展 HAZOP 分析。

2.3.2 设计单位的资质要求

建设项目的设计单位必须取得原建设部《工程设计资质标准》(建市〔2007〕86 号)规定的化工石化医药、石油天然气(海洋石油)等相关工程设计资质。涉及重点监管危险化工工艺、重点监管危险化学品和危险化学品重大危险源(以下简称"两重点一重大")的大型建设项目，其设计单位资质应为工程设计综合资质或相应工程设计化工石化医药、石油天然气(海洋石油)行业、专业资质甲级。

安全设施设计单位、设计人应当对其编制的设计文件负责。

2.3.3 安全设计过程管理

在建设项目前期论证或可行性研究阶段，设计单位应开展初步的危险源辨识，认真分析拟建项目存在的工艺危险有害因素、当地自然地理条件、自然灾害和周边设施对拟建项目的影响，以及拟建项目一旦发生泄漏、火灾、爆炸等事故时对周边安全可能产生的影响。涉及"两重点一重大"建设项目的工艺包设计文件应当包括工艺危险性分析报告。在总体设计和基础工程设计阶段，设计单位应根据建设项目的特点，重点开展下列设计文件的安全评审：(1)总平面布置图；(2)装置设备布置图；(3)爆炸危险区域划分图；(4)工艺管道和仪表流程图(PID)；(5)安全联锁、紧急停车系统及安全仪表系统；(6)可燃及有毒物料泄漏检测系统；(7)火炬和安全泄放系统；(8)应急系统和设施。设计单位应加强对建设项目的安全风险分析，积极应用 HAZOP 分析等方法进行内部安全设计审查。

2.3.4 安全设计实施要点

设计单位应根据建设项目危险源特点和标准规范的适用范围，确定本项目采用的标准规范。对涉及"两重点一重大"的建设项目，应至少满足下列现行标准规范的要求，并以最严格的安全条款为准：（1）《工业企业总平面设计规范》（GB 50187）；（2）《化工企业总图运输设计规范》（GB 50489）；（3）《石油库设计规范》（GB 50074）；（4）《石油天然气工程设计防火规范》（GB 50183）；（5）《建筑设计防火规范》（GB 50016）；（6）《石油化工可燃气体和有毒气体检测报警设计规范》（GB 50493）；（7）《化工建设项目安全设计管理导则》（AQ/T 3033）。

具有爆炸危险性的建设项目，其防火间距应至少满足 GB 50160 的要求。当国家标准规范没有明确要求时，可根据相关标准采用定量风险分析计算并确定装置或设施之间的安全距离。

液化烃罐组或可燃液体罐组不应毗邻布置在高于工艺装置、全厂性重要设施或人员集中场所的位置；可燃液体罐组不应阶梯布置。当受条件限制或有工艺要求时，应采取防止可燃液体流入低处设施或场所的措施。

建设项目可燃液体储罐均应单独设置防火堤或防火隔堤。防火堤内的有效容积不应小于罐组内 1 个最大储罐的容积，当浮顶罐组不能满足此要求时，应设置事故存液池储存剩余部分，但罐组防火堤内的有效容积不应小于罐组内 1 个最大储罐容积的 50%。

承重钢结构的设计应按照《工程结构可靠性设计统一标准》（GB 50153）和《钢结构设计规范》（GB 50017）等相关规范要求，根据结构破坏可能产生后果的严重性（人员伤亡、经济损失、对社会或环境产生影响等），确定采用的安全等级。对可能产生严重后果的结构，其设计安全等级不得低于二级。

液化石油气、液化天然气、液氯和液氨等易燃易爆有毒有害液化气体的充装应设计万向节管道充装系统，充装设备管道的静电接地、装卸软管及仪表和安全附件应配备齐全。

危险化学品长输管道应设置防泄漏、实时检测系统（SCADA 数据采集与监控系统）及紧急切断设施。

有毒物料储罐、低温储罐及压力球罐进出物料管道应设置自动或手动遥控的紧急切断设施。

2.3.5 建设项目安全设施设计的内容

（1）设计依据；

（2）建设项目概述；

（3）建设项目潜在的危险、有害因素和危险、有害程度及周边环境安全分析；

（4）建筑及场地布置；

（5）重大危险源分析及检测监控；

（6）安全设施设计采取的防范措施；

（7）安全生产管理机构设置或者安全生产管理人员配备要求；

（8）从业人员教育培训要求；

（9）工艺、技术和设备、设施的先进性和可靠性分析；

（10）安全设施专项投资概算；

（11）安全预评价报告中的安全对策及建议采纳情况；

（12）预期效果以及存在的问题与建议；

（13）可能出现的事故预防及应急救援措施；

（14）法律、法规、规章、标准规定需要说明的其他事项。

2.3.6 建设项目安全设施设计审查申请

建设单位应当在建设项目初步设计完成后、详细设计开始前，向出具建设项目安全条件审查意见书的安全生产监督管理部门，申请建设项目安全设施设计审查，并提交下列文件资料：

（1）建设项目审批、核准或者备案的文件；

（2）建设项目安全设施设计审查申请；

（3）建设项目安全设施设计；

（4）建设项目安全预评价报告及相关文件资料；

（5）法律、行政法规、规章规定的其他文件资料。

2.3.7 建设项目安全设施设计审查的实施

安全生产监督管理部门收到申请后，对属于本部门职责范围内的，应当及时进行审查，并在收到申请后 5 个工作日内作出受理或者不予受理的决定，书面告知申请人；对不属于本部门职责范围内的，应当将有关文件资料转送有审查权的安全生产监督管理部门，并书面告知申请人。

对已经受理的建设项目安全设施设计审查申请，安全生产监督管理部门应当自受理之日起 20 个工作日内作出是否批准的决定，并书面告知申请人。20 个工作日内不能作出决定的，经本部门负责人批准，可以延长 10 个工作日，并应当将延长期限的理由书面告知申请人。

安全生产监督管理部门根据需要指派两名以上工作人员按照法定条件和程序对申请文件、资料的实质内容进行现场核查。

建设项目安全设施设计有下列情形之一的，不予批准，并不得开工建设：

（1）无建设项目审批、核准或者备案文件的；

（2）未委托具有相应资质的设计单位进行设计的；

（3）安全预评价报告由未取得相应资质的安全评价机构编制的；

（4）设计内容不符合有关安全生产的法律、法规、规章和国家标准或者行业标准、技术规范的规定的；

（5）未采纳安全预评价报告中的安全对策和建议，且未作充分论证说明的；

（6）不符合法律、行政法规规定的其他条件的。

建设项目安全设施设计审查未予批准的，经营单位经过整改后可以向原审查部门申请再审。

已经批准的建设项目及其安全设施设计有下列情形之一的，经营单位应当报原批准部门审查同意；未经审查同意的，不得开工建设：

（1）建设项目的规模、生产工艺、原料、设备发生重大变更的；

（2）改变安全设施设计且可能降低安全性能的；

（3）在施工期间重新设计的。

2.4 建设项目安全设施的施工与监理

建设项目安全设施的施工应当由取得相应资质的施工单位进行，并与建设项目主体工程同时施工。施工单位应当在施工组织设计中编制安全保障方案、安全技术措施和施工现场临时用电方案，同时对危险性较大的分部分项工程依法编制专项施工方案，并附具安全验算结果，经施工单位技术负责人、总监理工程师签字后实施。施工单位应当严格按照安全设施设计和相关施工技术标准、规范施工，并对安全设施的工程质量负责。

安全保障方案提纲举例如下：

建设项目安全监控系统工程施工
安全保障方案提纲

第1章 说明及依据

1.1 编制说明

介绍施工安全保障措施的对象及施工的主要内容。

例如：本项目是某公司自动化监控。目前××油库已经具备改造条件，安全监控自动化控制系统主要包括：罐区计量管理系统、紧急切断控制系统、可燃气报警系统、火灾报警系统、消防池液位监测系统、环境温度报警系统、视频动态捕捉报警系统、周界报警系统、各主要生产设备泵阀状态监测控制系统等的供货、安装、调试和应用软件的集成以及自控系统设计(甲级)出图工作。

1.2 编制依据

列出建设项目安全保障措施应遵循的国家标准、行业标准、地方标准、文件和有关规范。

例如：《危险化学品重大危险源监督管理暂行规定》　　国家安监总局令第40号

《化工建设项目安全设计管理导则》　　　　　　　　　　　AQ 3033—2010

《危险化学品重大危险源安全监控通用技术规范》　　　　　AQ 3035—2010

《危险化学品重大危险源 罐区现场安全监控装备设置规范》　　AQ 3036—2010

等等。

第2章 工程范围

2.1 工程简介

介绍工程的范围及内容。下面以油库为例说明。

油库现状：该油库库容为 $13600m^3$，现有 $5000m^3$ 立式内浮顶罐2个，$800m^3$ 立式拱顶罐2个，$500m^3$ 立式拱顶罐4个，汽车卸油车位4个，汽车发货货位4个，加油站1座，4个加油机。由于油库的自动化系统建设比较早，已不能满足《危险化学品重大危险源安全监控通用技术规范》(AQ 3035—2010)和《危险化学品重大危险源 罐区现场安全监控装备设置规范》(AQ 3036—2010)规定的安全生产的要求，为了使油库能够安全、高效运转，需对自动化系统进行系统的改造。

工程内容：本系统的建设范围涵盖油库安全生产的全部内容，既包括新建子系统，也包括原有子系统的改造和集成。范围包括储罐液位监测报警及联锁控制系统、储罐温度监测报警系统、可燃气体浓度监测报警及联锁控制系统、视频监控系统、机泵状态监测报警系统、气象监测报警系统、静电接地报警系统、应急报警系统、紧急切断阀联锁控制系统、周界入侵报警系统、罐区消防灭火控制系统。

2.2 主要工程量

介绍主要的施工内容，包括土建工程、隐蔽工程、清线/清罐工程、设备安装、设备调试、培训等几方面。

例如：罐区计量管理系统、紧急切断控制系统、可燃气报警系统、火灾报警系统、消防池液位监测系统、环境温度报警系统、视频动态捕捉报警系统、周界报警系统、各主要生产设备泵阀状态监测控制系统等的供货、安装、调试和应用软件的集成以及自控系统设计，以及人员培训、软件升级。

隐蔽工程

主要包括各类电力线缆、通讯线缆、信号传输电缆、防雷接地电缆等各类线缆的穿线施工。施工过程包括必要的放管、穿线、标记、检测、覆土、恢复平面、防腐处理等等。

工程量大致为：

户外防爆配电箱		4 台
低压电缆 YJV22-0.6/1kV 5×6		900m
低压电缆 YJV22-0.6/1kV 5×10		400m
接地母线(镀锌扁钢)-40×4		270m
防爆绕性软管		16 根
控制线缆 KVVP22-4×1.5		4500m

主要设备清单

序号	分项名称	设备名称(数量)	生产厂商(略)
1	油库液位监控子系统	CS-MⅠ型伺服液位计(8个)	
2		高液位报警器(8个)	
3		RTU 集线器(2个)	
4		MDT-Ⅱ型显示控制仪(1台)	
5		油库储罐自动计量管理软件 TMSV2.0(1套)	
6	紧急切断子系统	OK81200F-KES-B3-C1-D24-301型紧急切断电动阀(24台)	
7	罐顶视频监控子系统	高清网络一体化球机(8个)	
8		90 系列网络硬盘录像机(1台)	
9		20m 高不锈钢铁塔(1根)	
10	小型气象站	移动式气象站(风向、风速、温度、湿度、气压等参数)(1个)	
11	应急报警子系统	本安型电话机 (14个)	
12		语音网关(14个)	
13		报警控制器(14个)	
14	机泵状态监测子系统	启停状态监测模块(14个)	
15		压力传感器(14个)	
16	可燃气体报警子系统	13个具有现场报警功能的气体探测器，13路报警控制器	

序号	分项名称	设备名称(数量)	生产厂商(略)
17		无线传输模块，BH10、BH20(2对)	
18	无线传输子系统	POE 模块(4个)	
19		浪涌保护器 600S(4个)	
20	安全监控系统软件	系统通过对油罐液位、温度、罐区可燃气体浓度、气象信息、机泵启停状态等处安全参数信息及视频信息的实时监控和智能安全分析，实现事故提前预警与报警；当事故发生时，为应急救援提供详实而准确的现场信息，服务于应急救援的科学决策和指挥调度	

改造前后对照一览表

项目	目前现状	规定整改内容	整改措施
储罐液位监测报警及联锁装置	已安装钢带液位计，但是已经损坏不能使用；未安装高高液位报警器联锁，低低液位报警器联锁	应设置带有远传功能的电子液位计，应具备高低液位报警功能和高高液位联锁控制功能	安装 KCS-MⅠ型伺服式液位计，安装具有高高液位报警联锁控制功能的高高液位报警器
储罐温度监测	未安装具有远传功能的温度计	应设置带远传功能的温度计	需要安装远传功能的温度计
可燃气体浓度监测报警及联锁装置	未安装可燃气体浓度报警仪以及可燃气体浓度现场报警仪	应在罐区、油品装卸区域、油品输送泵区、罐区的地沟、电缆沟或其他可能积聚可燃气体处设置可燃气体报警仪	增加可燃气体浓度报警仪以及相应现场报警设备。现场报警设备拟采用隔爆型声光报警器
视频监控	建立了库区视频监控系统，对库区进行了全覆盖。但是为对罐顶进行监视	应重点对油库出入口、营业厅、收发油区、储罐区、泵房等进行视频监控，监视突发的危险因素或初期的火灾报警等情况，所有视频信息均应远传至监控中心进行集中监控	拟增加摄像头，对罐区所有油罐顶部进行监控，同时在加油站安装 4 个视频监控器
机泵状态监测	未设置监测仪表对油泵、消防泵等重点部位的机泵启停状态进行实时监测，并将状态信息远传至监控中心	应设置监测仪表对油泵、消防泵等重点部位的机泵启停状态进行实时监测，并将状态信息远传至监控中心	将油泵、消防泵等重点部位的机泵启停状态信号引至中控室，接入油库监控系统
气象参数	未设置风力、风向和环境温度等参数的监测仪器，并与罐区安全监控系统联网	应设置风力、风向和环境温度等参数的监测仪器，并与罐区安全监控系统联网	在库区设置一个小型气象站，集中采集风力、风向和环境温度等参数信息，并远传到油库监控中心
静电接地报警	油库未安装静电接地报警及联锁系统	应设置固定或移动式静电接地报警系统。发油过程应实现静电报警与发油泵的联锁控制功能	需要设置静电接地报警器

项目	目前现状	规定整改内容	整改措施
应急报警装置	未设置应急报警装置	应设置防爆型手动报警按钮(或手摇式报警器)和固定应急电话。控制室应设置声光报警控制装置,手动报警信号触发声光报警控制系统	应急报警电话共设置14个。声光报警器共设置14个。应急报警按钮共设置14个
联锁控制系统	在油品卸料,出料主管道上设置手动切断阀,未设置远程切断阀	应在油品卸料,出料主管道上设置远程切断阀	在油品卸料,出料主管道上设置活塞式紧急切断电动阀
油库周界入侵报警系统	未设置防入侵系统	应在油库周界设置防侵入探测系统,宜采用振动电缆系统,也可采用红外对射系统	在油库周界设置红外对射系统
罐区消防灭火装备的设置	罐区消防灭火装置的设置符合《泡沫灭火系统设计规范》(GB 50151—2010)、《石油库设计规范》(GB 50074—2014)的要求	符合《泡沫灭火系统设计规范》(GB 50151—2010)、《石油库设计规范》(GB 50074—2014)	增加电子消防水池液位仪1套

第3章 安全施工组织体系

3.1 安全施工组织体系

介绍安全施工组织体系的构成及意义。

3.2 项目部主要成员职责

介绍项目部主要成员的职责,包括项目经理、技术负责人和安全员等主要成员的职责。

例如:成立项目经理部,实行项目经理负责制的管理体制,以项目经理部为核心,组建施工队伍保证现场各项施工管理工作步步到位。施工现场严格按照项目施工法,配备先进的机具、设备、科学的手段、先进技术,优质高速地完成工程。

项目经理部主要由项目经理领导,包括技术负责人、安全员等。

第4章 施工资质

介绍施工单位及设备的资质。

第5章 施工安全保障措施

5.1 项目特点及危害识别与控制

例如:根据《危险化学品目录》(2015版)辨识,其中属于危险化学品的有第3.1类低闪点易燃液体汽油(危规号:31001);第3.3类高闪点易燃液体煤油(危规号:33501)。根据《危险化学品重大危险源辨识》(GB 18218—2009),油库属于重大危险源。

施工危险源:油库安全监控自动化控制系统施工潜在的危险主要是在油罐设备安装过程中有产生静电或者火花发生火灾甚至爆炸的危险;在现场作业时高处坠落的危险;在现场用电过程中具有触电的危险;在设备搬运安装过程中物体打击的危险;在使用机械设备时的机械伤害危险;在起重吊装设备时的起重伤害危险;在油罐中安装施工及调试过程中的中毒和窒息危险;以及现场环境划伤、钉扎等其他伤害。

5.1.1 项目特点

介绍项目施工的特点。

5.1.2 危险源识别

5.1.2.1 企业危险源

介绍企业存在的危险源。

5.1.2.2 施工危险源

介绍施工存在的危险。

5.1.3 避免危险的措施

对于风险的危险性从危害发生的可能性及频率、后果的严重性进行评估，并提出对策。主要包括易燃易爆环境动火作业、带电作业、防静电作业、高空作业、油品储运过程中作业、搬运重物、密闭空间作业、清线作业、清罐作业等。

5.2 应急管理

5.2.1 应急响应系统

介绍施工应急响应系统。

5.2.2 应急预案

介绍应急响应预案，包括出现的火灾、触电、坠落、砸伤等突发事故时的应急响应措施。

5.2.3 应急培训演练

介绍应急培训演练的方案和内容。

5.3 安全施工管理

5.3.1 安全教育制度

介绍安全教育制度的内容。

例如：

安全教育制度

（一）在各作业班组进入工地后正式上岗作业前，项目部必须对班组职工进行"三级"安全教育(班组教育、项目部教育、企业安全管理教育)，并建立教育记录档卡；如果由于安全技术交底不清楚、不全面，职工发生工伤事故，必须追究教育或交底人的责任。

（二）各级安全教育应具有针对性。

（三）项目部要经常组织学习有关安全生产的法律、法规，学习规范和标准，学习安全技术操作规程等，通过学习达到熟练掌握和运用的目的。

（四）要坚持开展每周安全活动日活动，每次活动要有组织、有内容、有目的、有要求，一般可小结上周安全工作情况，根据本周工作情况提出和强调搞好安全工作的措施，同时也有针对性的选学一些安全操作规程；安全活动的目的、内容及具体安排，由项目部专职安全员负责，项目经理或其他管理人员不得占用安全活动日时间召开其他会议和进行其他工作。

（五）凡要求持证上岗的特种专作业人员，项目部必须与当地劳动部门联系，进行安全技术培训，经考核取得特种作业人员操作证方可上岗；上岗前仍应进行安全教育和安全技术交底。

（六）施工人员更换工种或从事第二工种作业时，项目部必须重新对其进行安全培训和安全规程的学习，并经考核合格后方可上岗。

（七）施工当中采用新技术、新机具、新设备和新工艺方法时，项目部应对操作人员进行操作技术培训和安全技术教育，经考核合格后方可作业。

5.3.2 安全检查制度

安全检查的意义及安全检查制度的内容，包括安全检查的内容、安全检查的方法、定期检查、突击检查、专业性检查、季节性和节假日前后检查、经常性检查、对检查出的事故隐患处理等方面。

例如：

安全检查制度

安全检查是消除事故隐患，预防事故，保证安全生产的重要手段和措施。为了不断改善生产条件和作业环境，使作业环境达到最佳状态。从而采取有效对策，消除不安全因素，保障安全生产，特制定安全检查制度如下：

（一）安全检查的内容：按照相关标准检查执行情况；施工用电、施工机具安全设施，操作行为，劳动防护用品的正确使用和安全防火等。

（二）安全检查的方法：定期检查、突击性检查、专业性检查、季节性和节假日前后的检查和经常性检查。

（三）项目部施工工地每周检查一次，由项目经理组织；各施工队每天检查，由施工负责人组织，生产班组对各自所处环境的工作程序要坚持自检，随时消除不安全隐患。

（四）突击检查：同行业或兄弟单位发生重大伤亡事故、设备事故、交通、火灾事故，为了吸取教训，采取预防措施，根据事故性质、特点组织突击检查。

（五）专业性检查：针对施工中存在的突击问题，如施工机具、临时用电等，组织单项检查，进行专项治理。

（六）季节性和节假日前后检查：针对气候特点，如冬季、夏季、雨季可能给施工带来的危害，提前作好冬季四防，夏季防暑降温，雨季防汛；针对重大节假日前后，防止施工人员纪律松懈，思想麻痹，要认真搞好安全教育，落实安全防范措施。

（七）经常性检查：安全职能人员和项目经理部、安全值班人员，应经常深入施工现场，进行预防检查，及时发现隐患，消除隐患，保证施工正常进行。

（八）对检查出的事故隐患的处理：各种类型的检查，必须认真细致，不留死角，查出的事故隐患要建立事故隐患台帐，重大事故隐患要填写事故隐患指令书，落实专人限期整改。

5.3.3 施工现场管理制度

介绍施工现场管理制度的内容，包括施工现场例会制度、施工现场档案管理制度、施工现场仓库管理制度、施工现场文明施工管理制度、施工现场安全生产管理制度、施工现场临时用电管理制度等方面。

例如：

施工现场管理制度

（一）施工现场例会制度

（1）自工程开工之日起至竣工之日止，施工前需参加碰头会。

（2）每次例会由相关项目经理召集，技术员、安全员及施工负责人参加，工程记录归档。项目经理可根据具体问题扩大参加例会人员范围。

（3）施工中发现的问题必须提交例会讨论，报分管领导批准。例会中做出的决定必须坚决执行。

（4）各班组间协调问题提交日例会解决。例会中及时传达有关作业要求、最新工程动态。

（5）每周例会由分管领导召集，由项目经理、技术员、安全员及施工负责人参加，工程记录归档。分管领导可根据具体问题，扩大参加人员范围。

（二）施工现场档案管理制度

（1）应严格按照档案管理要求，做好资料档案工作。

（2）做好施工现场每次例会记录、每周例会记录、临时现场会议记录。

（3）现场工作人员登记造册。施工班组人员身份证复印件整理归档。

（4）工程中工程量签证单、工程任务书、设计变更单、施工图纸、工程自检资料的整理归档。

（5）工程中其他文件、资料、文书往来整理归档。

（6）各类档案资料分类保管，做好备份，不得遗失。同时建立相关电子文档，便于查阅。

（7）借阅档案资料需办理借阅手续。填写工程资料借阅表，并及时归还。

（三）施工现场仓库管理制度

（1）材料入库必须经项目经理验收签字，不合格材料决不入库，材料员必须及时办理退货手续。

（2）保管员对任何材料必须清点后方可入库，登记进帐，填写材料入库单，同时录入电子文档备查。

（3）材料帐册必须有日期、入库数、出库数、领用人、存放地点等栏目。

（4）仓库内材料应分类存入，堆放整齐、有序，并做好标识管理，留有足够的通道，便于搬运。

（5）油漆、酒精等易燃易爆有毒物品存入危险品仓库。并配备足够的消防器材，不得使用明火。

（6）大宗材料、设备不能入库的，要点清数量，做好遮盖工作，防止雨淋日晒，避免造成损失。

（7）仓库存放的材料必须做好防火、防潮工作。仓库重地严禁闲杂人员入内。

（8）材料出库必须填写领料单，由项目经理签字批准，领料人签名。

（9）工具设备借用，建立借用物品帐。严格履行借用手续，并及时催收入库。实行谁领用谁保管的原则，如有损坏，及时通知材料员联系维修或更换。

（四）施工现场文明施工管理制度

（1）施工作业时不准抽烟。

（2）材料构件等物品分类码放整齐。领用材料、运输土方，沙石等，不应沿途遗洒，若遗洒应及时清扫维护。

（3）施工中产生的垃圾必须整理成堆，及时清运。做到工完料清。

（4）现场施工人员的着装必须保持整洁。不得穿拖鞋、不得光着肚皮上班。

（5）团结同志，关心他人，严禁酒后上岗，酗酒闹事，打架斗殴，拉帮结伙，恶语伤人，出工不出力。

（6）对施工机械等噪声采取严格控制，最大限度减少噪声扰民。

（五）施工现场安全生产管理制度

（1）新工人入场，都得接受"安全生产三级教育"。

（2）进入施工现场人员应配戴好安全帽。必须正确使用个人劳保用品，如安全带等。

（3）现场施工人员必须正确使用相关机具设备。上岗前必须检查一切安全设施是否安全可靠。

（4）特殊工种持证上岗，特殊作业配戴相应的劳动安全保护用品。

（5）使用砂轮机时，先检查砂轮有无裂纹，是否有危险。切割材料时用力均匀，被切割件要夹牢。

（6）高空作业时，要系好安全带。严禁在高空中没有扶手的攀沿物上随意走动。

（7）深槽施工保持做到坡度稳定，及时完善护壁加固措施。

（8）危险部位的边沿，坑口要严加栏护，封盖及设置必要的安全警示灯。

（9）按规定设置足够的通行道路，马道和安全梯。

（10）装卸堆放料具、设备及施工车辆，与坑槽保持安全距离。

（11）大中型施工机械(吊装运输碾压等)指派专职人员指挥。

（12）小型及电动工具由专职人员操作和使用。注意用电安全。

（13）施工人员必须遵守安全施工规章制度。有权拒绝违反"安全施工管理制度"的操作方法。

（14）施工现场需挂贴安全施工标牌。

（15）严禁违章指挥和违章操作。

（六）施工现场临时用电管理制度

（1）工地所有临时用电由专业电工(持证上岗)负责，其他人员禁止接驳电源。

（2）施工现场每个层面必须配备具有安全性的各式配电箱。

（3）临时用电，执行三相五线制和三级漏电保护。由专职电工进行检查和维护。

（4）所有临时线路必须使用护套线或海底线。必须架设牢固，一般要架空，不得绑在管道或金属物上。

（5）严禁用花线、铜芯线乱拉乱接，违者将被严厉处罚。

（6）所有插头及插座应保持完好。电气开关不能一掣多用。

（7）所有施工机械和电气设备不得带病运转和超负荷使用。

（8）施工机械和电气设备及施工用金属平台必须要有可靠接地。

（9）接驳电源应先切断电源。若带电作业，必须采取防护措施，并有三级以上电工在场监护才能工作。

5.3.4　外协单位管理制度

5.3.4.1　外协单位资质审查

介绍外协单位资质审查的方法、程序及内容。

5.3.4.2　外协单位安全生产管理

介绍外协单位安全生产管理的内容。

例如：

外协单位管理制度

外协单位资质审查：

（一）项目部对外协单位与劳务人员的施工负有监督和指导的任务和对分包工程范围内的危险源交底的义务，必须将外协单位与劳务人员的安全施工列入项目部统一管理范畴，严禁以"包"代"管"。

（二）项目部对外协单位的员工、劳务人员应按正式职工一样实施管理。

（三）外协单位进场施工前，必须由项目部合同管理部严格审查协作单位的施工资质及安全生产许可证，未经资质审查或审查不合格的外协单位，严禁与项目部签订施工合同及进场施工。资质审查的相关资料复印件存档安全管理部。

（四）资质审查不得自行降低标准，不得简化程序，不得逾期不办。对于管理混乱或出过重大伤亡事故的外协单位，不得(继续)使用。

（五）对安全施工资质不合格的协作单位，安全管理部具有一票否决权。

（六）外协单位资质审查内容：

（1）有关部门颁发的、有效的营业执照和施工资质证书。

（2）经过公证的法人代表资格证书或法人授权委托书。

（3）由当地政府主管部门颁发的"安全生产许可证"。

（4）安全施工的技术素质(包括安全员、工程技术人员等)及特种作业人员证件。

（5）质量、安全管理机构及人员配置，外协单位必须配备专职质检员、安全员。

（6）保证质量、安全施工的机械、工器具及安全防护设施、用具的配备。

（7）质量、安全管理制度等相关资料。

外协单位安全生产管理：

（一）项目部必须监督外协单位定期组织员工体检，体检不合格或患有职业禁忌症者，以及老、弱、病、残、童工，应坚决辞退，严禁录用。凡已注册的人员不得随意更换，不得冒名顶替。

（二）单项工程开工前，外协单位必须组织全体人员分工种进行安全教育，受教育人员名单必须报项目部安全管理部备案，方可进入施工现场施工。

（三）外协单位对所承担的施工项目必须编制安全施工措施，大型独立施工项目还应编制施工组织设计，经项目部调度室、工程技术部、安全管理部审查后执行，并作为分包合同附件。

（四）外协单位必须认真贯彻执行国家有关安全生产的方针、政策、法律、法规和电力建设安全工作规程、规定，遵守项目部相关管理制度及规定，服从项目部在质量、安全方面的管理、监督和指导。

（五）对不服从项目部管理或严重违章作业、野蛮施工、管理混乱、事故不断的外协单位，必须立即终止合同，并严禁参与其他项目施工。

（六）外协单位的行政主管是该单位安全第一责任者，对本单位的安全施工负全责。外协单位的安全员应有明显标志。

（七）对特殊作业、危险作业的施工项目，项目部工程技术部、安全管理部应监督外协单位编制安全施工措施，并监督其实施。

（八）与外协单位签定合同时，同时要求签定相关安全生产责任协议书，必须明确各自的安全施工责任。凡由外协单位责任造成的伤亡事故，应由外协单位与劳务人员承担全部责任。

（九）与外协单位签定合同时，必须明确规定外协单位对自己的人员、设备及第三者进行保险。

（十）外协单位必须按国家规定为施工人员配备劳动保护用品、用具，必须根据项目部规定统一穿着工作服装。项目部安全管理部应对其进行监督。

（十一）严禁外协单位对所承担工程项目进行转包。

第6章 施工流程控制

6.1 施工流程控制目的

介绍施工流程控制的目的。

6.2 施工流程控制内容

6.2.1 开工报告的审批

介绍工程开工前，施工方应具备的条件。

6.2.2 工程施工进度计划的监督实施

介绍施工单位监督施工进度计划实施的方案。

6.2.3 工程施工分项验收

介绍工程施工分项验收的内容，包括土建工程及隐蔽工程验收、设备到货验收、整体系统调试验收。

例如：

开工报告的审批

主体工程开工前，项目工程部应向甲方提出开工申请报告，具备下列条件方可经甲方批准开工：

（一）施工许可证已办妥。

（二）施工组织设计已审批。

（三）施工现场的准备已具备开工条件。

工程施工进度计划的监督实施

项目工程部通过以下途径对进度计划执行情况进行监督实施：

（一）工程例会：每周由项目经理、技术员、安全员、施工负责人及甲方负责人参加。总结上周进度、质量、安全、文明施工等计划落实情况，安排下周计划，确保总计划的安全顺利完成。

（二）施工日报：项目工程部向甲方递交的施工日报，包括施工人数、工种、施工部位、工程进度、存在问题及解决方法，通过日报使甲方及时了解项目工程部施工情况。

工程施工分项验收：

（一）土建工程及隐蔽工程验收。

（二）设备到货验收。

（三）整体系统调试验收。

6.3 甲乙方交底制度

介绍甲乙方工程技术、文档资料的交底方式及内容。包括施工组织方案、危险作业、定期不定期的安全检查记录、分项施工的调试及验收、项目完工后技术文档的交底(包括各种技术文档、上位机程序的操作、传感器的使用、设备的日常维护等)等几方面。

例如，具体可分为以下几方面：

（一）施工组织方案编制完毕并报建设单位确认后，由项目经理、技术负责人、安全员组织建设单位人员学习施工方案，并进行技术、文档书面交底，列出关键分部工程和施工要点，建设单位负责人需签字验收。

（二）项目负责人在安排施工任务同时，必须提前对建设单位进行技术质量和安全交底，交底完毕后建设单位负责人需签字确认后，方可施工。

（三）重点危险作业，建设方需按有关标准要求进行安全监护，及时发现问题，协助处理，消除安全隐患，确保施工安全。

（四）施工期间，建设方应组织相关人员定期、不定期开展现场安全检查，并保留检查记录，发现问题应双方书面确认，并督促整改。

（五）分项施工结束后，建设方参与调试和验收并书面确认。

（六）项目完成后，由项目经理组织技术负责人、安全员提出对系统的技术、文档进行交底，并培训包括相关的法律法规、上位机程序的使用操作、各种传感器的使用、各种设备的日常维护等，所有文档交底完毕，建设单位负责人需签字验收。

（七）危险作业必须进行技术、文档交底。油罐清罐、清线、动火、焊接等危险作业时，应按安全操作规程进行。

第7章 附件

7.1 相关方通讯录

7.2 油库施工平面图(库区内施工区域、库外固定动火区域)

等等。

施工单位发现安全设施设计文件有错漏的，应当及时向经营单位、设计单位提出。经营单位、设计单位应当及时处理。施工单位发现安全设施存在重大事故隐患时，应当立即停止施工并报告经营单位进行整改。整改合格后，方可恢复施工。

工程监理单位应当审查施工组织设计中的安全技术措施或者专项施工方案是否符合工程建设强制性标准。工程监理单位在实施监理过程中，发现存在事故隐患的，应当要求施工单位整改；情况严重的，应当要求施工单位暂时停止施工，并及时报告经营单位。施工单位拒不整改或者不停止施工的，工程监理单位应当及时向有关主管部门报告。工程监理单位、监理人员应当按照法律、法规和工程建设强制性标准实施监理，并对安全设施工程的工程质量承担监理责任。

建设项目安全设施建成后，经营单位应当对安全设施进行检查，对发现的问题及时整改。

2.5 建设项目试生产（使用）

2.5.1 建设项目试生产(使用)条件

建设项目安全设施施工完成后，建设单位应当按照有关安全生产法律、法规、规章和国家标准、行业标准的规定，对建设项目安全设施进行检验、检测，保证建设项目安全设施满足危险化学品生产、储存的安全要求，并处于正常适用状态。

2.5.2 试生产(使用)方案

建设单位应当组织建设项目的设计、施工、监理等有关单位和专家，研究提出建设项目试生产(使用)，以下简称试生产(使用)。可能出现的安全问题及对策，并按照有关安全生产法律、法规、规章和国家标准、行业标准的规定，制定周密的试生产(使用)方案。试生产(使用)方案应当包括下列有关安全生产的内容：(1)建设项目设备及管道试压、吹扫、气密、单机试车、仪表调校、联动试车等生产准备的完成情况；(2)投料试车方案；(3)试生产(使用)过程中可能出现的安全问题、对策及应急预案；(4)建设项目周边环境与建设项目安全试生产(使用)相互影响的确认情况；(5)危险化学品重大危险源监控措施的落实情况；

(6)人力资源配置情况；(7)试生产(使用)起止日期。

2.5.3　试生产(使用)方案的审查

建设单位在采取有效安全生产措施后，方可将建设项目安全设施与生产、储存、使用的主体装置、设施同时进行试生产(使用)。试生产(使用)前，建设单位应当组织专家对试生产(使用)方案进行审查。试生产(使用)时，建设单位应当组织专家对试生产(使用)条件进行确认，对试生产(使用)过程进行技术指导。

在投料试车阶段，设计单位应参加试车前的安全审查，提供相关技术资料和数据，为安全试车提供技术支持。

2.5.4　试生产(使用)方案的备案

化工建设项目，应当在建设项目试运行前将试运行方案报负责建设项目安全许可的安全生产监督管理部门备案，提交下列文件、资料：(1)试生产(使用)方案备案表；(2)试生产(使用)方案；(3)设计、施工、监理单位对试生产(使用)方案以及是否具备试生产(使用)条件的意见；(4)专家对试生产(使用)方案的审查意见；(5)安全设施设计重大变更情况的报告；(6)施工过程中安全设施设计落实情况的报告；(7)组织设计漏项、工程质量、工程隐患的检查情况，以及整改措施的落实情况报告；(8)建设项目施工、监理单位资质证书(复制件)；(9)建设项目质量监督手续(复制件)；(10)主要负责人、安全生产管理人员、注册安全工程师资格证书(复制件)，以及特种作业人员名单；(11)从业人员安全教育、培训合格的证明材料；(12)劳动防护用品配备情况说明；(13)安全生产责任制文件，安全生产规章制度清单、岗位操作安全规程清单；(14)设置安全生产管理机构和配备专职安全生产管理人员的文件(复制件)。

安全生产监督管理部门对建设单位报送备案的文件、资料进行审查；符合法定形式的，自收到备案文件、资料之日起5个工作日内出具试生产(使用)备案意见书。

2.5.5　建设项目试生产期限

试运行时间应当不少于30日，最长不得超过180日。需要延期的，可以向原备案部门提出申请。经两次延期后仍不能稳定生产的，建设单位应当立即停止试生产，组织设计、施工、监理等有关单位和专家分析原因，整改问题后，按照规定重新制定试生产(使用)方案并报安全生产监督管理部门备案。

2.6　建设项目安全设施竣工验收

2.6.1　建设项目安全设施施工情况报告

建设项目安全设施施工完成后，施工单位应当编制建设项目安全设施施工情况报告。建设项目安全设施施工情况报告应当包括：(1)施工单位的基本情况，包括施工单位以往所承担的建设项目施工情况；(2)施工单位的资质情况(提供相关资质证明材料复印件)；(3)施工依据和执行的有关法律、法规、规章和国家标准、行业标准；(4)施工质量控制情况；(5)施工变更情况，包括建设项目在施工和试生产期间有关安全生产的设施改动情况。

2.6.2　生产安全事故应急预案编写与备案

建设单位应当按照《生产经营单位生产安全事故应急预案编制导则》(GB/T 29639—2013)的要求编制本单位的综合生产安全事故应急预案和专项应急预案及现场处置方案，危险化学品生产、经营单位还应组织专家对应急预案进行评审。

应急预案同时应按要求进行网上申报并在安全生产监督管理局进行备案取得备案证明。

2.6.3　重大危险源辨识与评估

建设单位应当按照《危险化学品重大危险源辨识》标准，对本单位的危险化学品生产、经营、储存和使用装置、设施或者场所进行重大危险源辨识，并记录辨识过程与结果。构成重大危险源的应按照《重大危险源安全监督管理暂行规定》对重大危险源进行安全评估并确定重大危险源等级。建设单位可以组织本单位的注册安全工程师、技术人员或者聘请有关专家进行安全评估，也可以委托具有相应资质的安全评价机构进行安全评估。重大危险源安全评估可以与本单位的安全评价一起进行，以安全评价报告代替安全评估报告，也可以单独进行重大危险源安全评估。

2.6.4　安全验收评价报告

建设项目试生产期间，建设单位应当按规定委托有相应资质的安全评价机构对建设项目及其安全设施试生产(使用)情况进行安全验收评价，且不得委托在可行性研究阶段进行安全评价的同一安全评价机构。

安全评价机构应当按照《危险化学品建设项目安全评价细则》的要求及有关安全生产的法律、法规、规章和国家标准、行业标准进行评价并出具评价报告。建设项目安全验收评价报告还应当符合有关危险化学品建设项目的规定。

2.6.5　安全设施的竣工验收

建设项目竣工投入生产或者使用前，经营单位应当组织对安全设施进行竣工验收，并形成书面报告备查。安全设施竣工验收合格后，方可投入生产和使用。

安全监管部门应当按照下列方式之一对建设项目的竣工验收活动和验收结果进行监督核查：

(1)对安全设施竣工验收报告按照不少于总数10%的比例进行随机抽查；

(2)在实施有关安全许可时，对建设项目安全设施竣工验收报告进行审查。

抽查和审查以书面方式为主。对竣工验收报告的实质内容存在疑问，需要到现场核查的，安全监管部门应当指派两名以上工作人员对有关内容进行现场核查。工作人员应当提出现场核查意见，并如实记录在案。

建设项目的安全设施有下列情形之一的，建设单位不得通过竣工验收，并不得投入生产或者使用：

(1)未选择具有相应资质的施工单位施工的；

(2)建设项目安全设施的施工不符合国家有关施工技术标准的；

(3)未选择具有相应资质的安全评价机构进行安全验收评价或者安全验收评价不合格的；

（4）安全设施和安全生产条件不符合有关安全生产法律、法规、规章和国家标准或者行业标准、技术规范规定的；

（5）发现建设项目试运行期间存在事故隐患未整改的；

（6）未依法设置安全生产管理机构或者配备安全生产管理人员的；

（7）从业人员未经过安全生产教育和培训或者不具备相应资格的；

（8）不符合法律、行政法规规定的其他条件的。

建设项目安全设施竣工验收未通过的，经营单位经过整改后可以向原验收部门再次申请验收。

经营单位应当按照档案管理的规定，建立建设项目安全设施"三同时"文件资料档案，并妥善保存。

建设单位安全设施竣工验收合格后，按照有关法律法规及其配套规章的规定申请有关危险化学品的安全生产许可或经营许可。

2.6.5.1 油库安全监控自动化系统现场验收办法

（1）编制目的

为了检验油库安全监控自动化系统与油罐、卸油、发油和各项装置之间的相互配合关系，依据 AQ 3035、AQ 3036 的要求，验证工艺设计的可行性、设备的可靠性、安全设施的有效性，安全顺利地通过验收进行装卸油作业，特制定本验收方案。

（2）验收条件

① 自动化子系统及监控平台必须安装调试完成；

② 必须经过 1 个月以上的试运行，有完备的试运行记录和报告；

③ 验收评价报告中对自动化系统试运行情况的评价及结论。

（3）验收测试人员安排

验收专家 3 人：1 人监控室，2 人现场，通过对讲机完成通讯；

企业相关人员：中控人员在监控室，其他人员陪同现场；

厂家测试工程师 2 人：1 人在监控室，1 人陪同现场。

（4）验证测试程序

① 液位报警及外贴式硬切换系统测试和验证：计量人员对储罐液位进行手工测量，得到的数据报告中控室；中控人员与液位监测系统进行对比，对误差严重或是数据不准确的储罐要及时调整液位监测和液位报警数值，并做记录。中控人员配合测试工程师对音叉报警系统或外贴式超声波液位开关进行数据核对，对实时液位进行监测。中控室专家落实液位报警和硬切换系统情况。

② 储罐温度测试和验证，常温下储存，调用监控室温度画面，查看每个储罐的温度显示，是否符合室外的温度。中控室专家落实温度报警至少分为两级，第一级报警阈值为正常工作温度的上限。第二级为第一级报警阈值的 1.25～2 倍，且应低于介质闪点或燃点等危险值。有无设计温度高位、高高位报警。

③ 可燃气体报警探测系统测试和验证：由发油班组配合测试工程师对现场安装的各探头进行实验，中控人员配合进行报警处理及数据记录。中控室专家落实可燃气体报警是否设为两级，第一级报警阈值不高于 25% LEL，第二级报警阈值不高于 50% LEL。

④ 视频监控系统测试和验证：由中控人员完成，调试视频摄像头及信号传输灵敏度及稳定性，对各画面进行云台操作，确认变焦及移动方向正常运转。数据的储存、回放等功能

是否正常。摄像视频监控报警系统应可实现与危险参数监控报警的联动。摄像头的安装高度应确保可以有效监控到储罐顶部。

⑤ 机泵状态监测测试和验证：中控人员调用监控室机泵状态监测画面，查看每个机泵启停状态的显示，与现场机泵状态是否一致。

⑥ 气象仪数据传输测试和验证：由中控人员完成，确认温度、湿度及风速风向等数据传输并显示正确。风速报警高限设置一级，报警阈值为风速 13.8m/s（相当于 6 级风），风向应显示方位风向，并形象标注。

⑦ 静电接地报警测试和验证：现场检查固定或移动式静电接地报警情况。测试发油过程静电报警与发油泵的联锁控制功能；中控人员查看静电报警是否与相应的发油泵联锁动作。

⑧ 应急报警装置测试和验证：现场检查油库围堰外侧的四面是否有防爆型手动报警按钮（或手摇式报警器）和固定应急电话。控制室应设置声光报警控制装置，手动报警信号触发声光报警控制系统。手动报警装置及现场电话由中控人员配合测试工程师完成。

现场专家对库区及罐区手动报警、现场电话与中控人员实时进行测试，中控员对中控平台的警报进行处理，记录数据。卸油班组对铁路栈台的手动报警、现场电话与中控人员实时进行测试，中控员对中控平台的警报进行处理，记录数据。现场广播系统运行情况由现场专家实时反馈给中控室专家。

⑨ 联锁控制系统测试和验证：电动阀门系统测试和验证由发油班组配合测试工程师在现场进行阀门的手动、遥控器控制，中控室留有中控人员及测试工程师对电脑实时数据进行确认，包括阀门动作，运行速度，运行方向是否正常等。测试远程控制模式时由中控人员进行远程开启和关闭操作，现场专家进行确认。

中控人员改变高高位温度的设置，测试设计温度高高位与自动消防系统的联锁。现场专家进行自动消防系统启动情况确认。测试后改回原有设置。

由现场测试工程师对泵房等密闭场所可燃气报警的各探头进行实验，中控人员查看与轴流风机的联锁情况。

⑩ 周界报警系统测试和验证：由值班员、中控人员配合测试工程师进行完成。值班人员分段对周界系统进行现场测试，中控人员对中控平台报警情况及时处理并及时撤防、布防。

巡更系统测试和验证：由中控人员、值班员配合测试工程师进行，值班员对各巡更检查点进行现场实时巡更（发油泵房、消防泵房、罐区及工艺管线、消防管线等），中控人员进行数据采集及整理，核对数据的正确性及完整性，并及时保存数据记录。

⑪ 消防系统测试和验证：一般情况现场专家查看地下消防水池位置、有无水位球、是否与进水阀联锁，有无消防值班室，是否有专人值班，值班人员是否经过培训，并持证上岗。如有自动灭火系统或自动喷淋冷却系统，中控人员可在监控室调用联锁设置页面，查看是否与可燃气报警联锁或与温度报警联锁。中控室专家与现场专家配合，检测能否动作。

⑫ 监控室验收，除上述 11 项测试项目外，还包括系统安全准入设置、相互之间的关联情况，是否设置有系统自检报警和纠错功能，及监控室管理制度情况，相关设备维护管理情况等，有中控室专家检查落实。

（5）验收情况记录

主要依据该油库安全设施设计专篇中涉及的子系统，确认施工建设完成情况和验收情况，是否符合 AQ 3035、AQ 3036 的要求，并由中控室专家如实记录。记录表详见表 2-1。

表 2-1　油库安全监控自动化系统验收记录表

油库名称：

序号	子系统名称		规定整改内容	油库验收情况
1	储罐液位监测报警及联锁装置		应设置带有远传功能的电子液位计，应具备高、低液位报警功能和高高、低低液位联锁控制功能	
2	储罐温度监测		应设置带远传功能的温度计，应设置温度高位、高高位报警	
3	可燃气体浓度监测报警及联锁装置		应在罐区、油品装卸区域、油品输送泵区、罐区的地沟、电缆沟或其他可能积聚可燃气体处设置隔爆型可燃气体声光报警仪，可燃气体报警是否设为两级，第一级报警阈值不高于 25% LEL，第二级报警阈值不高于 50% LEL	
4	视频监控		应重点对油库出入口、营业厅、收发油区、储罐区、泵房等进行视频监控，监视突发的危险因素或初期的火灾报警等情况，所有视频信息均应远传至监控中心进行集中监控。应可实现与危险参数监控报警的联动。摄像头的安装高度应确保可以有效监控到储罐顶部	
5	机泵状态监测		应设置监测仪表对油泵、消防泵等重点部位的机泵启停状态进行实时监测，并将状态信息远传至监控中心	
6	气象参数		应设置风力、风向和环境温度等参数的监测仪器，并与罐区安全监控系统联网。风速报警高限设置一级，报警阈值为风速 13.8 m/s（相当于 6 级风），风向应显示方位风向，并形象标注	
7	静电接地报警		应设置固定或移动式静电接地报警系统。发油过程应实现静电报警与发油泵的联锁控制功能。静电报警是否远传至中控室，并与相应的发油泵联锁动作	
8	应急报警装置		应设置防爆型手动报警按钮（或手摇式报警器）和固定应急电话。中控室应设置声光报警控制装置，手动报警信号触发声光报警控制系统	
9	联锁控制系统		应在油品卸料、出料主管道上设置远程电动（或电磁）切断阀； 应设置高高液位联锁或硬切换； 设置温度高高位与自动消防系统的联锁；密闭场所可燃气报警与轴流风机的联锁情况	
10	油库周界入侵报警系统		油库周界防入侵探测系统，宜采用振动电缆系统，也可采用红外对射系统	
11	罐区消防	灭火装备的设置	远程控制	
		地下消防水池	有浮球，自动补水	
		泡沫系统	远程控制、自动控制	
		自动冷却系统	远程人工切换、与可燃气报警联锁或与温度报警联锁联动情况	
		消防值班室	可单独设置，亦可与监控室合为一体	
12	监控室		将以上所有信息整合到一个平台，系统具有自检报警和纠错功能，系统间关联情况，运行、维护制度制定情况	

专家签字：　　　　　　　　　　　　　　　　　验收时间：

2.6.5.2 加油站贯标改造现场验收方案

（1）编制目的

依据《汽车加油加气站设计与施工规范（2014年版）》（GB 50156—2012）的要求，为了检验加油站安全设施设计专篇中涉及的工艺设备、检测报警、监控设施之间的相互配合关系，验证工艺设计的可行性、设备的可靠性、监控设施的有效性，为了使其能安全顺利地通过验收进行油品经营活动，特制定本验收方案。

（2）验收条件

① 设备全部安装就位并进行试压、吹扫、单机试运转，并和监控报警系统联合调试；

② 必须经过1个月以上的试运行，有完备的试运行记录和报告；

③ 验收评价报告中对加油站验收和试运行情况的评价及结论。

（3）验收组分工及工作安排

① 专家：负责为验收工作提供技术支持。

② 企业：负责组织自查验收，要求从业人员均要掌握技术改造涉及的内容以及相应系统操作。负责配合区县安全监管局开展验收工作，要求监控室、现场各安排1名熟悉技术改造工作的从业人员和厂家测试工程师予以配合。负责准备对讲机、测距仪（或圆盘尺）、强光手电、液位检尺等设备，油罐中至少有60%的油品；油罐车中至少有卸至油罐中使其液位达到95%（使防溢阀动作）的油品。该油品的油样。

（4）验证测试程序

① 测距。采用测距仪（或圆盘尺），主要测量因为间距不足而实施改造的、有争议的关键距离，如测埋地油罐与重要公共建筑距离、加油机与重要公共建筑距离、站房与加油机距离、加油机与站内燃煤锅炉距离、卸油口与站外明火源距离、排气口与站外明火源距离等。

② 监控室读取并记录某测试油罐的液位，加油站人员从带锁的量油孔，用检尺实际测量该油罐液位，计算误差，应小于±2mm。

③ 请液位计厂家调试工程师调出液位计的报警设置页面，验收专家观察低位报警、高位报警液位设置值，是否为10%、90%报警。设置高高位到95%时防溢阀应自动动作，停止卸油。

请加油站人员或设备厂家技术人员，调高液位仪液位参数到90%时或调低液位报警参数至实际液位，液位仪是否有声光报警。通报现场专家，此时现场能听到、看到声光报警。继续调高液位到95%时，防溢阀应自动动作，停止卸油。

④ 打开油罐钢制人孔盖，从单层罐、双层罐渗漏检测立管，打开顶部管口防尘盖，用强光手电观察，能否看到与油罐内、外壁间隙相连通。

⑤ 双层油罐、防渗罐池的渗漏在线监测系统，采用液体传感器监测时，传感器的检测精度不应大于3.5mm。请双层罐、双层管泄漏检测报警仪调试工程师采用系统自检功能测试，应有声光报警；调阅报警值的设定范围和报警阈值。

单层罐罐池带泄漏检测系统，用油样测试单层罐泄漏检测报警仪，中控室应有报警，并能显示位置。

⑥ 检查油罐与加油管道之间法兰等电位跨接，双层罐、双层管检测仪说明书有无翻译成中文。

⑦ 断电。切断一键断电按钮，查看加油机应该断电，查看事故照明应该自动点亮。查看监控设施应该不停电。

⑧ 检测视频监控，是否全覆盖，调阅 30 天前的录像。

⑨ 打开加油机柜门，查看是否有渗漏，是否等电位跨接。扒开填埋沙土，查看机坑四边是否做防渗处理。

⑩ 检查配电室，有无防鼠板，有无配备二氧化碳灭火器，配电柜门有无跨接，有无电路图。

（5）验收情况记录

主要依据该加油站安全设施设计专篇中涉及的子系统，确认施工建设完成情况和验收情况，是否符合 GB 50156 要求，并由专家如实填写《××市加油站现场验收检查记录表》。样表见表 2-2。

表 2-2　加油站现场验收检查记录表

加油站名称：　　　　　　　　　　　　　　　　　　　　　　依据标准：GB 50156

序号	验收类别	验收项目	验收结果
1	工艺	潜油泵	
		自吸式加油机	
		自封式加油枪，有防溢功能，流量 50L/min	
2	外观、标识	外观形象符合政府要求	
		标志、标识清晰完整；出入口有速度标志	
		地面标线清晰、明了	
3	制度、操作规程	制度、操作规程要完整、上墙	
4	间距	埋地油罐与重要公共建筑距离	
		加油机与重要公共建筑距离	
		站房与加油机距离（5m）	
		加油机与站内燃煤锅炉距离（18.5m）	
		卸油口与站外明火源距离	
		排气口与站外明火源距离	
5	液位检测	监控室读取某汽油油罐的液位	二者误差
		实际测量该油罐液位（误差不大于 2mm）	
		监控室读取某柴油油罐的液位	二者误差
		实际测量该油罐液位（误差不大于 2mm）	
6	报警联锁	调阅设定值	低液位报警值： 高液位报警值： 高高液位设定值：
		现场测试液位到高液位设定值（高位报警 90%）监控室是否声光报警，卸油人员能否看见听见	
		现场测试高高位到 95% 时，防溢流阀动作，自动停止油料进罐	
		室内报警设施应安装在工作时、下班时有人的地方	

序号	验收类别	验收项目	验收结果
7	防渗池、单层罐、双层管线	单层罐底、防渗池最低处或观察井内是否设置泄漏报警器，如有应进行系统自检，报警器是否正常报警	
		如未设置油气检测报警仪，打开顶部管口防尘盖，用强光手电观察检测立管，能否看到与油罐内、外壁间隙相连通	
		双层管道坡向检漏点的坡度，不应小于5‰，最低点位要有油气浓度检测报警设施，要远传到监控室，测试系统自检功能，应有声光报警	
8	双层罐、双层管线	双层罐双层间隙要有在线监测泄漏报警系统，测试系统自检功能，应有声光报警；调阅报警值的设定范围和报警阈值。有防上浮措施	
		双层管线，要有不应小于5‰的倾斜度，最低点位要有油气浓度检测报警设施，要远传到监控室测试系统自检功能，应有声光报警；调阅报警值的设定范围和报警阈值	
9	等电位跨接	人孔井内应等电位跨接，应螺栓连接；油气回收泵也要等电位跨接	
		加油机底座下电气应等电位跨接	
10	一键即停	有总电切断钮，可设在营业室或室外，应安装在工作时、下班时有人的地方。切断一键断电按钮，查看加油机是否断电	
		查看事故照明是否自动点亮	
		查看监控设施是否不停电	
11	监控	视频监控要全覆盖，可录30天	
		监控室、机柜房，应无暖气、水线	
		电动阀及监控设施采用UPS供电	
12	防渗	加油机底座应抹平，有防渗处理，填细沙，防静电、防雨	
		单层罐池应做防渗处理，有防上浮措施	
13	配电	电源TNS式	
		配电间要有防鼠挡板，无水线、暖气，地坪应高出地面60mm；电缆应防火防爆	
		动力线与信号线要分沟敷设，尽量不交叉，若必须交叉，应做好屏蔽	
14	防撞杆	防撞杆，如有罩棚柱，加油机布置在罩棚柱内，可以不安防撞杆。入口、出口必须安装防撞杆，高度不小于0.5m	
15	剪切阀	老式加油机可无剪切阀，潜泵应有剪切阀	

28

序号	验收类别	验收项目	验收结果
16	密闭卸油	进油立管底部45°斜管口或T形管口	
		量油帽带锁，接合管伸至罐内距罐底200mm高度，人孔盖上接合管用金属软管	
		卸油帽内应有垫圈	
17	油气回收	油气回收倾斜度1%	
		真空辅助式油气回收系统	
		或在每台加油机内安装油气回收泵	
18	消防	配电间配2具CO_2灭火器	
		站内消防箱新颖别致、取沙方便	
19	通气孔	通气孔其管口应高出建筑物的顶面1.5m及以上，管口安装阻火器或安在罩棚顶上	
20	接地	罩棚立柱、站房等远离油气的位置是否设置接地测试卡，采用搭接，双螺栓固定	
		卸油口静电接地端子应距离最近卸油口1.5m外	

验收专家签字：　　　　　　　　　　　　　　　　　验收日期：

第3章 危险化学品经营及许可

2012 年 9 月 1 日起施行的《危险化学品经营许可证管理办法》，2015 年 5 月 27 日国家安全生产监督管理总局令公布第 79 号对其进行了修改完善。

3.1 适用范围

在中华人民共和国境内从事列入《危险化学品目录》的危险化学品的经营（包括仓储经营）活动，适用于本办法。

购买危险化学品进行分装、充装或者加入非危险化学品的溶剂进行稀释，然后销售的，参照本办法执行。

储存设施，是指按照《危险化学品重大危险源辨识》（GB 18218）确定，储存的危险化学品数量构成重大危险源的设施。

民用爆炸物品、放射性物品、核能物质和城镇燃气的经营活动，不适用本办法。

3.2 经营许可制度

国家对危险化学品经营实行许可制度。经营危险化学品的企业，应当依照本办法取得危险化学品经营许可证（以下简称经营许可证）。未取得经营许可证，任何单位和个人不得经营危险化学品。

从事下列危险化学品经营活动，不需要取得经营许可证：

（1）依法取得危险化学品安全生产许可证的危险化学品生产企业在其厂区范围内销售本企业生产的危险化学品的；

（2）依法取得港口经营许可证的港口经营人在港区内从事危险化学品仓储经营的。

3.3 受理部门

经营许可证的颁发管理工作实行企业申请、两级发证、属地监管的原则。

国家安全生产监督管理总局指导、监督全国经营许可证的颁发和管理工作。

省、自治区、直辖市人民政府安全生产监督管理部门指导、监督本行政区域内经营许可证的颁发和管理工作。

设区的市级人民政府安全生产监督管理部门（以下简称市级发证机关）负责下列企业的经营许可证审批、颁发：

（1）经营剧毒化学品的企业；

（2）经营易制爆危险化学品的企业；

（3）经营汽油加油站的企业；

（4）专门从事危险化学品仓储经营的企业；

（5）从事危险化学品经营活动的中央企业所属省级、设区的市级公司（分公司）；

（6）带有储存设施经营除剧毒化学品、易制爆危险化学品以外的其他危险化学品的企业。

县级人民政府安全生产监督管理部门（以下简称县级发证机关）负责本行政区域内本条第（3）款规定以外企业的经营许可证审批、颁发；没有设立县级发证机关的，其经营许可证由市级发证机关审批、颁发。

3.4　申请经营许可证的条件

从事危险化学品经营的单位（以下统称申请人）应当依法登记注册为企业，并具备下列基本条件：

（1）经营和储存场所、设施、建筑物符合《建筑设计防火规范》（GB 50016）、《石油化工企业设计防火规范》（GB 50160）、《汽车加油加气站设计与施工规范》（GB 50156）、《石油库设计规范》（GB 50074）等相关国家标准、行业标准的规定；

（2）企业主要负责人和安全生产管理人员具备与本企业危险化学品经营活动相适应的安全生产知识和管理能力，经专门的安全生产培训和安全生产监督管理部门考核合格，取得相应安全资格证书；特种作业人员经专门的安全作业培训，取得特种作业操作证书；其他从业人员依照有关规定经安全生产教育和专业技术培训合格；

（3）有健全的安全生产规章制度和岗位操作规程；

（4）有符合国家规定的危险化学品事故应急预案，并配备必要的应急救援器材、设备；

（5）法律、法规和国家标准或者行业标准规定的其他安全生产条件。

前款规定的安全生产规章制度，是指全员安全生产责任制度、危险化学品购销管理制度、危险化学品安全管理制度（包括防火、防爆、防中毒、防泄漏管理等内容）、安全投入保障制度、安全生产奖惩制度、安全生产教育培训制度、隐患排查治理制度、安全风险管理制度、应急管理制度、事故管理制度、职业卫生管理制度等。

申请人经营剧毒化学品的，除符合从事危险化学品经营的单位的条件外，还应当建立剧毒化学品双人验收、双人保管、双人发货、双把锁、双本账等管理制度。

申请人带有储存设施经营危险化学品的，除符合从事危险化学品经营的单位规定的条件外，还应当具备下列条件：

（1）新设立的专门从事危险化学品仓储经营的，其储存设施建立在地方人民政府规划的用于危险化学品储存的专门区域内；

（2）储存设施与相关场所、设施、区域的距离符合有关法律、法规、规章和标准的规定；

（3）依照有关规定进行安全评价，安全评价报告符合《危险化学品经营企业安全评价细则》的要求；

（4）专职安全生产管理人员具备国民教育化工化学类或者安全工程类中等职业教育以上学历，或者化工化学类中级以上专业技术职称，或者危险物品安全类注册安全工程师资格；

（5）符合《危险化学品安全管理条例》《危险化学品重大危险源监督管理暂行规定》《常用危险化学品贮存通则》（GB 15603）的相关规定。

申请人储存易燃、易爆、有毒、易扩散危险化学品的，除符合本条第（1）款规定的条件外，还应当符合《石油化工可燃气体和有毒气体检测报警设计规范》(GB 50493)的规定。

3.5　经营许可证的申请

申请人申请经营许可证，应当依照向所在地市级或者县级发证机关(以下统称发证机关)提出申请，提交下列文件、资料，并对其真实性负责：

(1) 申请经营许可证的文件及申请书；

(2) 安全生产规章制度和岗位操作规程的目录清单；

(3) 企业主要负责人、安全生产管理人员、特种作业人员的相关资格证书(复制件)和其他从业人员培训合格的证明材料；

(4) 经营场所产权证明文件或者租赁证明文件(复制件)；

(5) 工商行政管理部门颁发的企业性质营业执照或者企业名称预先核准文件(复制件)；

(6) 危险化学品事故应急预案备案登记表(复制件)。

带有储存设施经营危险化学品的，申请人还应当提交下列文件、资料：

(1) 储存设施相关证明文件(复制件)；租赁储存设施的，需要提交租赁证明文件(复制件)；储存设施新建、改建、扩建的，需要提交危险化学品建设项目安全设施竣工验收报告(复制件)；

(2) 重大危险源备案证明材料、专职安全生产管理人员的学历证书、技术职称证书或者危险物品安全类注册安全工程师资格证书(复制件)；

(3) 安全评价报告。

3.6　受理与颁发

发证机关收到申请人提交的文件、资料后，应当按照下列情况分别作出处理：

(1) 申请事项不需要取得经营许可证的，当场告知申请人不予受理；

(2) 申请事项不属于本发证机关职责范围的，当场作出不予受理的决定，告知申请人向相应的发证机关申请，并退回申请文件、资料；

(3) 申请文件、资料存在可以当场更正的错误的，允许申请人当场更正，并受理其申请；

(4) 申请文件、资料不齐全或者不符合要求的，当场告知或者在5个工作日内出具补正告知书，一次告知申请人需要补正的全部内容；逾期不告知的，自收到申请文件、资料之日起即为受理；

(5) 申请文件、资料齐全，符合要求，或者申请人按照发证机关要求提交全部补正材料的，立即受理其申请。

发证机关受理或者不予受理经营许可证申请，应当出具加盖本机关印章和注明日期的书面凭证。

发证机关受理经营许可证申请后，应当组织对申请人提交的文件、资料进行审查，指派2名以上工作人员对申请人的经营场所、储存设施进行现场核查，并自受理之日起30日内作出是否准予许可的决定。

发证机关现场核查以及申请人整改现场核查发现的有关问题和修改有关申请文件、资料所需时间，不计算在前款规定的期限内。

发证机关作出准予许可决定的，应当自决定之日起 10 个工作日内颁发经营许可证；发证机关作出不予许可决定的，应当在 10 个工作日内书面告知申请人并说明理由，告知书应当加盖本机关印章。

经营许可证分为正本、副本，正本为悬挂式，副本为折页式。正本、副本具有同等法律效力。

经营许可证正本、副本应当分别载明下列事项：

（1）企业名称；

（2）企业住所(注册地址、经营场所、储存场所)；

（3）企业法定代表人姓名；

（4）经营方式；

（5）许可范围；

（6）发证日期和有效期限；

（7）证书编号；

（8）发证机关；

（9）有效期延续情况。

3.7　经营许可证的变更

已经取得经营许可证的企业变更企业名称、主要负责人、注册地址或者危险化学品储存设施及其监控措施的，应当自变更之日起 20 个工作日内，向发证机关提出书面变更申请，并提交下列文件、资料：

（1）经营许可证变更申请书；

（2）变更后的工商营业执照副本(复制件)；

（3）变更后的主要负责人安全资格证书(复制件)；

（4）变更注册地址的相关证明材料；

（5）变更后的危险化学品储存设施及其监控措施的专项安全评价报告。

发证机关受理变更申请后，应当组织对企业提交的文件、资料进行审查，并自收到申请文件、资料之日起 10 个工作日内作出是否准予变更的决定。

发证机关作出准予变更决定的，应当重新颁发经营许可证，并收回原经营许可证；不予变更的，应当说明理由并书面通知企业。

经营许可证变更的，经营许可证有效期的起始日和截止日不变，但应当载明变更日期。

已经取得经营许可证的企业有新建、改建、扩建危险化学品储存设施建设项目的，应当自建设项目安全设施竣工验收合格之日起 20 个工作日内，向《危险化学品经营许可证管理办法》第五条规定的发证机关提出变更申请，并提交危险化学品建设项目安全设施竣工验收报告(复制件)等相关文件、资料。发证机关应当按照《危险化学品经营许可证管理办法》第十条、第十五条的规定进行审查，办理变更手续。

3.8　重新办理

已经取得经营许可证的企业，有下列情形之一的，应当按照《危险化学品经营许可证管理办法》的规定重新申请办理经营许可证，并提交相关文件、资料：

(1) 不带有储存设施的经营企业变更其经营场所的；

(2) 带有储存设施的经营企业变更其储存场所的；

(3) 仓储经营的企业异地重建的；

(4) 经营方式发生变化的；

(5) 许可范围发生变化的。

3.9　延期申请

经营许可证的有效期为3年。有效期满后，企业需要继续从事危险化学品经营活动的，应当在经营许可证有效期满3个月前，向《危险化学品经营许可证管理办法》第五条规定的发证机关提出经营许可证的延期申请，并提交延期申请书及《危险化学品经营许可证管理办法》第九条规定的申请文件、资料。

企业提出经营许可证延期申请时，可以同时提出变更申请，并向发证机关提交相关文件、资料。

符合下列条件的企业，申请经营许可证延期时，经发证机关同意，可以不提交前述从事危险化学品经营的单位应提交的的文件、资料：

(1) 严格遵守有关法律、法规和本办法；

(2) 取得经营许可证后，加强日常安全生产管理，未降低安全生产条件；

(3) 未发生死亡事故或者对社会造成较大影响的生产安全事故。

带有储存设施经营危险化学品的企业，除符合前款规定条件的外，还需要取得并提交危险化学品企业安全生产标准化二级达标证书(复制件)。

发证机关受理延期申请后，应当对延期申请进行审查，并在经营许可证有效期满前作出是否准予延期的决定；发证机关逾期未作出决定的，视为准予延期。

发证机关作出准予延期决定的，经营许可证有效期顺延3年。

任何单位和个人不得伪造、变造经营许可证，或者出租、出借、转让其取得的经营许可证，或者使用伪造、变造的经营许可证。

3.10　经营许可证的监督管理

发证机关应当坚持公开、公平、公正的原则，严格依照法律、法规、规章、国家标准、行业标准和《危险化学品经营许可证管理办法》规定的条件及程序，审批、颁发经营许可证。

发证机关及其工作人员在经营许可证的审批、颁发和监督管理工作中，不得索取或者接受当事人的财物，不得谋取其他利益。

发证机关应当加强对经营许可证的监督管理，建立、健全经营许可证审批、颁发、档案管理制度，并定期向社会公布企业取得经营许可证的情况，接受社会监督。

发证机关应当及时向同级公安机关、环境保护部门通报经营许可证的发放情况。

安全生产监督管理部门在监督检查中，发现已经取得经营许可证的企业不再具备法律、法规、规章、国家标准、行业标准和《危险化学品经营许可证管理办法》规定的安全生产条件，或者存在违反法律、法规、规章和《危险化学品经营许可证管理办法》规定的行为的，应当依法作出处理，并及时告知原发证机关。

发证机关发现企业以欺骗、贿赂等不正当手段取得经营许可证的，应当撤销已经颁发的经营许可证。

已经取得经营许可证的企业有下列情形之一的，发证机关应当注销其经营许可证：

（1）经营许可证有效期届满未被批准延期的；

（2）终止危险化学品经营活动的；

（3）经营许可证被依法撤销的；

（4）经营许可证被依法吊销。

发证机关注销经营许可证后，应当在当地主要新闻媒体或者本机关网站上发布公告，并通报企业所在地人民政府和县级以上安全生产监督管理部门。

县级发证机关应当将本行政区域内上一年度经营许可证的审批、颁发和监督管理情况报告市级发证机关。

市级发证机关应当将本行政区域内上一年度经营许可证的审批、颁发和监督管理情况报告省、自治区、直辖市人民政府安全生产监督管理部门。

省、自治区、直辖市人民政府安全生产监督管理部门应当按照有关统计规定，将本行政区域内上一年度经营许可证的审批、颁发和监督管理情况报告国家安全生产监督管理总局。

3.11　法律责任

未取得经营许可证从事危险化学品经营的，依照《中华人民共和国安全生产法》有关未经依法批准擅自生产、经营、储存危险物品的法律责任条款并处罚款；构成犯罪的，依法追究刑事责任。

企业在经营许可证有效期届满后，仍然从事危险化学品经营的，依照前款规定给予处罚。

带有储存设施的企业违反《危险化学品安全管理条例》规定，有下列情形之一的，责令改正，处5万元以上10万元以下的罚款；拒不改正的，责令停产停业整顿；经停产停业整顿仍不具备法律、法规、规章、国家标准和行业标准规定的安全生产条件的，吊销其经营许可证：

（1）对重复使用的危险化学品包装物、容器，在重复使用前不进行检查的；

（2）未根据其储存的危险化学品的种类和危险特性，在作业场所设置相关安全设施、设备，或者未按照国家标准、行业标准或者国家有关规定对安全设施、设备进行经常性维护、保养的；

（3）未将危险化学品储存在专用仓库内，或者未将剧毒化学品以及储存数量构成重大危险源的其他危险化学品在专用仓库内单独存放的；

（4）未对其安全生产条件定期进行安全评价的；

（5）危险化学品的储存方式、方法或者储存数量不符合国家标准或者国家有关规定的；

（6）危险化学品专用仓库不符合国家标准、行业标准的要求的；

（7）未对危险化学品专用仓库的安全设施、设备定期进行检测、检验的。

伪造、变造或者出租、出借、转让经营许可证，或者使用伪造、变造的经营许可证的，处10万元以上20万元以下的罚款，有违法所得的，没收违法所得；构成违反治安管理行为的，依法给予治安管理处罚；构成犯罪的，依法追究刑事责任。

已经取得经营许可证的企业不再具备法律、法规和《危险化学品经营许可证管理办法》规定的安全生产条件的，责令改正；逾期不改正的，责令停产停业整顿；经停产停业整顿仍不具备法律、法规、规章、国家标准和行业标准规定的安全生产条件的，吊销其经营许可证。

已经取得经营许可证的企业出现需变更未申请变更的，责令限期改正，处1万元以下的罚款；逾期仍不申请变更的，处1万元以上3万元以下的罚款。

安全生产监督管理部门的工作人员徇私舞弊、滥用职权、弄虚作假、玩忽职守，未依法履行危险化学品经营许可证审批、颁发和监督管理职责的，依照有关规定给予处分。

承担安全评价的机构和安全评价人员出具虚假评价报告的，依照有关法律、法规、规章的规定给予行政处罚；构成犯罪的，依法追究刑事责任。

行政处罚由安全生产监督管理部门决定。其中，吊销经营许可证的行政处罚，由发证机关决定。

第4章　易制毒化学品经营管理

4.1　非药品类易制毒化学品生产、经营的许可与备案

为加强非药品类易制毒化学品管理，规范非药品类易制毒化学品生产、经营、购买、运输和进口、出口行为，防止易制毒化学品被用于制造毒品，国务院专门制定了《易制毒化学品管理条例》（国务院令第445号），对易制毒化学品的生产、经营、购买、运输和进口、出口实行分类管理和许可制度。

按照《易制毒化学品管理条例》的规定，易制毒化学品分为三类。第一类是可以用于制毒的主要原料，这一类中又分为药品类易制毒化学品和非药品类易制毒化学品，第二类、第三类是可以用于制毒的化学配剂。

这项管理工作涉及十多个政府部门。国家安监总局根据《易制毒化学品管理条例》规定的安全监督部门的职责制定了《非药品类易制毒化学品生产、经营许可办法》（国家安监总局5号令），对非药品类易制毒化学品生产经营实行许可证制度。

4.1.1　适用范围

《非药品类易制毒化学品生产、经营许可办法》中所称非药品类易制毒化学品，是指《易制毒化学品管理条例》附表中确定的可以用于制毒的非药品类主要原料和化学配剂。见表4-1。

表4-1　非药品类易制毒化学品分类和品种目录

第一类	第二类
1. 1-苯基-2-丙酮	2. 醋酸酐☆
2. 3, 4-亚甲基二氧苯基-2-丙酮	3. 三氯甲烷☆
3. 胡椒醛	4. 乙醚☆
4. 黄樟素	5. 哌啶☆
5. 黄樟油	**第三类**
6. 异黄樟素	1. 甲苯☆
7. *N*-乙酰邻氨基苯酸	2. 丙酮☆
8. 邻氨基苯甲酸	3. 甲基乙基酮☆
第二类	4. 高锰酸钾☆
1. 苯乙酸	5. 硫酸☆
	6. 盐酸☆

注：1. 第一类、第二类所列物质可能存在的盐类，也纳入管制。

　　2. 带有☆标记的品种为危险化学品。

对第一类化学品的生产、经营实行许可证管理。凡生产、经营这类化学品的单位必须取得非药品类易制毒化学品生产、经营许可证方可从事生产经营活动。

对第二类、第三类化学品的生产、经营实行备案证明管理。凡生产、经营这两类化学品的单位必须进行非药品类易制毒化学品生产、经营备案。

4.1.2 各级安监部门的分工

国家安监总局监督、指导全国非药品类易制毒化学品生产、经营许可和备案管理工作。县级以上安监部门负责本行政区域内执行非药品类易制毒化学品生产、经营许可制度的监督管理工作。

具体分工如下：

省级安监部门负责本行政区域内第一类非药品类易制毒化学品生产、经营的审批和许可证的颁发工作。

设区的市级安监部门负责本行政区域内第二类非药品类易制毒化学品生产、经营和第三类非药品类易制毒化学品生产的备案证明颁发工作。

县级安监部门负责本行政区域内第三类非药品类易制毒化学品经营的备案证明颁发工作。

例如，北京市分工如下：

北京市安全生产监督管理局负责本市非药品类易制毒化学品生产、经营的监督管理工作，并负责本市行政区域内第一类非药品类易制毒化学品生产、经营的审批和许可证的颁发工作。

区、县安全生产监督管理局负责辖区内非药品类易制毒化学品生产、经营的监督管理工作，并负责辖区内第二、第三类非药品类易制毒化学品生产、经营的备案证明颁发工作。

4.1.3 申请第一类化学品生产许可证应提交的文件和资料

生产单位申请第一类化学品生产许可证，应当向省级安监部门提交下列文件和资料，并对其真实性负责：

（1）非药品类易制毒化学品生产许可证申请书(一式两份)；

（2）生产设备、仓储设施和污染物处理设施情况说明材料；

（3）易制毒化学品管理制度和环境突发事件应急预案；

（4）安全生产管理制度；

（5）单位法定代表人或者主要负责人和技术、管理人员具有相应安全生产知识的证明材料；

（6）单位法定代表人或者主要负责人和技术、管理人员具有相应易制毒化学品知识的证明材料及无毒品犯罪记录证明材料；

（7）工商营业执照副本(复印件)；

（8）产品包装说明和使用说明书。

属于危险化学品生产单位的，还应当提交危险化学品生产企业安全生产许可证和危险化学品登记证(复印件)，但可免于提交上述第(4)、第(5)、第(7)项所要求的文件、资料。

4.1.4 申请第一类化学品经营许可证应提交的文件和资料

经营单位申请第一类化学品经营许可证，应当向省级安监部门提交下列文件和资料，并对其真实性负责：

（1）非药品类易制毒化学品经营许可证申请书(一式两份)；

（2）经营场所、仓储设施情况说明材料；

（3）易制毒化学品经营管理制度和包括销售机构、销售代理商、用户等内容的销售网络文件；

（4）单位法定代表人或者主要负责人和销售、管理人员具有相应易制毒化学品知识的证明材料及无毒品犯罪记录证明材料；

（5）工商营业执照副本（复印件）；

（6）产品包装说明和使用说明书。

属于危险化学品经营单位的，还应当提交危险化学品经营许可证（复印件），但可免于提交上述第（5）项所要求的文件、资料。

4.1.5　申请第一类化学品生产、经营许可证的程序

（1）省级安监部门对申请人提交的申请书及文件、资料，应当按照下列规定分别处理：

① 申请事项不属于本部门职权范围的，应当即时出具不予受理的书面凭证；

② 申请材料存在可以当场更正的错误的，应当允许或者要求申请人当场更正；

③ 申请材料不齐全或者不符合要求的，应当当场或者在 5 个工作日内书面一次告知申请人需要补正的全部内容，逾期不告知的，自收到申请材料之日起即为受理；

④ 申请材料齐全、符合要求或者按照要求全部补正了的，自收到申请材料或者全部补正材料之日起为受理。

（2）对已经受理的申请材料，省级安监部门应当进行审查，根据需要可以进行实地核查。

（3）自受理之日起，对生产许可证申请在 60 个工作日内、对经营许可证申请在 30 个工作日内，省级安监部门应当作出颁发或者不予颁发许可证的决定。

（4）对决定颁发的，应当自决定之日起 10 个工作日内送达或者通知申请人领取许可证；对不予颁发的，应当在 10 个工作日内书面通知申请人并说明理由。

4.1.6　生产第二类、第三类化学品的单位进行备案时应提交的文件和资料

凡从事第二类、第三类化学品生产的单位，进行备案时应当提交下列文件和资料：

（1）非药品类易制毒化学品品种、产量、销售量等情况的备案申请书；

（2）易制毒化学品管理制度；

（3）产品包装说明和使用说明书；

（4）工商营业执照副本（复印件）。

属于危险化学品生产单位的，还应当提交危险化学品生产企业安全生产许可证和危险化学品登记证（复印件），但可免于提交上述第（4）项所要求的文件、资料。

4.1.7　经营第二类、第三类化学品的单位进行备案时应提交的文件和资料

凡从事第二类、第三类化学品经营的单位，进行备案时应当提交下列文件和资料：

（1）非药品类易制毒化学品销售品种、销售量、主要流向等情况的备案申请书；

（2）易制毒化学品管理制度；

（3）产品包装说明和使用说明书；

（4）工商营业执照副本（复印件）。

属于危险化学品经营单位的，还应当提交危险化学品经营许可证，但可免于提交上述第

（4）项所要求的文件、资料。

4.1.8　办理第二类、第三类化学品生产、经营备案的程序

负责第二类、第三类化学品生产、经营备案工作的安监部门收到规定的备案材料后，应当于当日发给备案证明。

4.1.9　实例：北京市申请非药品类易制毒化学品生产、经营许可和备案情况介绍

根据北京市安全生产监督管理局《关于在本市实施〈非药品类易制毒化学品生产、经营许可办法〉的通知》要求，在审查非药品类易制毒化学品生产、经营许可和备案申请时，监管人员应注意以下事项：

（1）在本市行政区域内依法登记的从事非药品类易制毒化学品生产、经营的单位，必须向本市相应的安全生产监督管理部门申请生产、经营许可或备案。

（2）职责分工

北京市安全生产监督管理局负责本市非药品类易制毒化学品生产、经营的监督管理工作，并负责本市行政区域内第一类非药品类易制毒化学品生产、经营的审批和许可证的颁发工作。

区、县安全生产监督管理局负责辖区内非药品类易制毒化学品生产、经营的监督管理工作，并负责辖区内第二、第三类非药品类易制毒化学品生产、经营的备案证明颁发工作。

（3）申请

① 申请书

《非药品类易制毒化学品生产、经营申请书》可从国家安全生产监督管理总局网站（www.chinasafety.gov.cn）或市安全生产监督管理局网站（例如北京市网站为 www.bjsafety.gov.cn）下载，按国家安全生产监督管理总局统一印制式样（纸张尺寸 A4）和填写说明的要求填报有关内容，并与所提供文件、资料装订成册。

② 需提交的文件、资料

申请非药品类易制毒化学品生产、经营许可和备案的单位，应当按照《非药品类易制毒化学品生产、经营许可办法》要求，提供相关文件、资料，并对其真实性负责。同时，对所提供材料要注意以下几项内容：

一是《非药品类易制毒化学品生产、经营申请书》应提交电子版 1 份；

二是环境突发事件应急预案应按环保部门有关规定和要求编写；

三是单位法定代表人或者主要负责人和技术、管理人员的"相应安全生产知识的证明材料"，指由安监部门颁发的安全资质证书；

四是单位法定代表人或者主要负责人和技术、管理人员的"无毒品犯罪记录"证明，可以由当地派出所等公安机关、单位的上级主管部门或本单位提供；一般技术、管理人员的，可以由本人所在单位保卫部门提供；

五是单位法定代表人或者主要负责人和技术、管理人员具有相应易制毒化学品知识的证明，由市安全生产监督管理局根据国家安监总局制定的《2006 年非药品类易制毒化学品知识考核大纲》组织考核，考核结果视为证明材料。一般技术、管理人员可由企业自行组织培

训，并提供考核结果；

六是工商营业执照指在本市工商注册的营业执照；

七是申请单位提供的易制毒化学品的产品包装和使用说明书中，应当标明产品的名称（含学名和通用名）、化学分子式和成分。

（4）受理

各级安全生产监督管理部门对非药品类易制毒化学品生产、经营单位提交的申请要按照《非药品类易制毒化学品生产、经营许可办法》规定，分别进行处理。

（5）审查、发证

各级安全生产监督管理部门要在《非药品类易制毒化学品生产、经营许可办法》规定的许可时限内对非药品类易制毒化学品生产、经营单位提交的申请进行审查、发证。

申请和审查材料由许可部门存档。

非药品类易制毒化学品生产、经营许可证和备案证明由国家安全生产监督管理总局统一印制。

（6）换证、变更和注销

第一类非药品类易制毒化学品生产、经营许可证和第二、第三类非药品类易制毒化学品生产、经营备案证明的有效期均为 3 年，有效期满后需继续生产、经营的，或变更单位名称、经济类型、注册地址、法定代表人或主要负责人、许可品种主要流向、增加许可品种及数量的生产、经营单位应当按照《非药品类易制毒化学品生产、经营许可办法》要求，在规定的时限内，携带相关文件、资料到原发证机关办理换证或变更手续。

非药品类易制毒化学品生产、经营单位不再生产、经营非药品类易制毒化学品时，应当在停止生产、经营后 3 个月内办理许可或备案注销手续。

① 供销合作社的农业生产资料经营单位；

② 植物保护站；

③ 土壤肥料站；

④ 农业、林业技术推广机构；

⑤ 森林病虫害防治机构；

⑥ 农药生产企业；

⑦ 国务院规定的其他经营企业。

4.2　剧毒化学品、易制爆危险化学品的经营管理

剧毒化学品、易制爆危险化学品的危害大，管理不严还可能被不法分子利用作为作案工具，危害社会治安。公安部门为了保障人民群众的生命安全和社会公共安全，多年来一直将剧毒品、易制爆危险化学品列为治安管理的范围。为了加强对危险化学品中剧毒化学品、易制爆危险化学品的经营管理，《危险化学品安全管理条例》明确规定了购买、销售剧毒品、易制爆危险化学品的手续，并规定不得将剧毒化学品销售给个人（除农药、灭鼠药、灭虫药除外）。

4.2.1　购买人的规定

购买剧毒品的单位，应具备下列条件：

① 具有危险化学品安全生产许可证、安全使用许可证、经营许可证的企业，凭相应的许可证件购买剧毒化学品、易制爆危险化学品；

② 民用爆炸物品生产企业凭民用爆炸物品生产许可证购买易制爆危险化学品；

③ 前款规定以外的单位购买剧毒化学品的，应当向所在地县级人民政府公安机关申请取得剧毒化学品购买许可证；

④ 购买易制爆危险化学品的，应当持本单位出具的合法用途说明；

⑤ 个人不得购买剧毒化学品(属于剧毒化学品的农药除外)和易制爆危险化学品。

4.2.2 对经营单位的要求

对剧毒品经营企业，应当遵守如下规定：

① 不得向不具有相关许可证件或者证明文件的单位销售剧毒化学品、易制爆危险化学品。

② 对持剧毒化学品购买许可证购买剧毒化学品的，应当按照许可证载明的品种、数量销售。

③ 应当如实记录购买单位的名称、地址、经办人的姓名、身份证号码以及所购买的剧毒化学品、易制爆危险化学品的品种、数量、用途。销售记录以及经办人的身份证明复印件、相关许可证件复印件或者证明文件的保存期限不得少于1年。

④ 销售企业、购买单位应当在销售、购买后5日内，将所销售、购买的剧毒化学品、易制爆危险化学品的品种、数量以及流向信息报所在地县级人民政府公安机关备案，并输入计算机系统。

⑤ 使用单位不得出借、转让其购买的剧毒化学品、易制爆危险化学品。

⑥ 因转产、停产、搬迁、关闭等确需转让的，应当向具有相关许可证件或者证明文件的单位转让，并在转让后将有关情况及时向所在地县级人民政府公安机关报告。

第5章　经营企业"一书一签"管理与重大危险源管理

5.1　一书一签

5.1.1　定义

5.1.1.1　安全技术说明书

为化学物质及其制品提供了有关安全、健康和环境保护方面的各种信息，并能提供有关化学品的基本知识、防护措施和应急行动等方面的资料。

5.1.1.2　安全标签

安全标签主要是通过对化学品包装加贴标签的形式进行危险性标识，提出安全使用注意事项，向作业人员传递安全信息，以预防和减少化学危害，达到保障安全和健康的目的。

危险化学品《安全技术说明书》和《安全标签》简称"一书一签"。危险化学品产品"一书一签"的编制、印发等工作由各危险化学品生产单位负责。

5.1.2　"一书一签"管理

根据《全球化学品统一分类和标签制度》(GHS)的要求，国家组织对《化学品安全技术说明书编写规定》(GB 16483—2000)、《化学品安全标签编写规定》(GB 15258—1999)进行了修订，分别形成了《化学品安全技术说明书 内容和项目顺序》(GB/T 16483—2008)、《化学品安全标签编写规定》(GB 15258—2009)。与原标准相比，新修订标准的内容、项目顺序、条目、编写要求均发生了较大变化。

根据《危险化学品安全管理条例》的要求，化学品的生产单位必须及时对本单位产品的化学品安全技术说明书及安全标签进行修订，以满足国家法规、用户和公众的需要，同时，可以为下一轮危险化学品的登记作技术准备。

危险化学品生产企业应当提供给经营单位与其生产的危险化学品相符的化学品安全技术说明书，并在危险化学品包装(包括外包装件)上粘贴或者拴挂与包装内危险化学品相符的化学品安全标签。化学品安全技术说明书和化学品安全标签所载明的内容应当符合国家标准的要求。

危险化学品生产企业发现其生产的危险化学品有新的危险特性的，应当立即公告，并及时修订其化学品安全技术说明书和化学品安全标签，及时提供给经营单位。

5.1.2.1　制作标准及要求

安全技术说明：《化学品安全技术说明书 内容和项目顺序》(GB/T 16483—2008)；

安全标签：《化学品安全标签编写规定》(GB 15258—2009)；

"一书一签"中的国家应急电话为 0532-83889090。

5.1.2.2 规格

《安全技术说明书》统一使用 A4 纸张规格。

《化学品安全标签》采用以下两种规格：

使用汽车罐车、火车槽车运输及使用其他大型包装形式的，采用 150mm×200mm 即 A4 纸规格；

使用桶、钢瓶、袋等较小包装形式的，采用 100mm×150mm 即 A5 纸规格。

对不同容量的容器或包装，标签最低尺寸如表 5-1 所示。

表 5-1　标签最低尺寸

容器或包装容积/L	标签尺寸/(mm×mm)	容器或包装容积/L	标签尺寸/(mm×mm)
≤0.1	使用简化标签	>50~≤500	100×150
>0.1~≤3	50×75	>500~≤1000	150×200
>3~≤50	75×100	>1000	200×300

5.1.2.3 发放及使用

《安全技术说明书》由危险化学品产品生产单位负责印制并分别提供给经营单位(部门)及装车、发货单位(部门)；经营单位在销售危险化学品时将《安全技术说明书》提供给客户；装车、装桶单位(车间)在发货时将《安全技术说明书》提供给运输单位和提货人，并保证每台危险化学品运输车辆至少一份。

各环节相关单位(部门、车间)在发放《安全技术说明书》时必须进行登记，并由相关人员签收。

《安全标签》由危险化学品产品生产单位在产品内、外包装的明显位置进行粘贴、拴挂或喷印。

5.1.2.4 费用

危险化学品产品"一书一签"印制和粘贴等相关工作发生的费用纳入生产成本。

5.1.2.5 修订

危险化学品产品"一书一签"每 5 年修订一次。经营单位发现危险化学品产品有新的危害特性或"一书一签"内容有重大变化时，应当及时督促生产单位修订。在国家危险化学品登记中心正式登记的产品，在 3 个月内向省(市)级危险化学品登记办公室提出申请，重新办理登记。

5.1.2.6 采购环节管理

采购单位(或部门)在采购属于危险化学品的物品时，必须向供货单位索取符合现行国家标准的"一书一签"，并保证数量足够提供给储存、使用及运输单位。采购单位不得从无危险化学品生产许可证或者危险化学品经营许可证的单位采购危险化学品；销售单位不得向未取得危险化学品经营许可证的经营单位或者个人销售危险化学品。

5.2　危险化学品重大危险源安全监管

国家安全监管总局颁布的 40 号令《危险化学品重大危险源监督管理暂行规定》，阐述了我国危险化学品重大危险源安全监管的总体思路，是我国有关重大危险源辨识、安全评价、分级、登记建档、备案、安全监控等方面的总要求。2015 年 5 月 27 日国家安全生产监督管理总局公布第 79 号令,《国家安全监管总局关于废止和修改危险化学品等领域七部规章的决定》已经在 2015 年 3 月 23 日国家安全生产监督管理总局局长办公会议审议通过,其中包括对《危险化学品重大危险源监督管理暂行规定》(国家安全监管总局 40 号令)的修订完善,自 2015 年 7 月 1 日起施行。

5.2.1 重大危险源安全监管基本要求

现代科学技术和工业生产的迅猛发展一方面丰富了人类的物质生活;另一方面让现代化大生产隐藏了众多的潜在危险。如 1976 年意大利塞维索工厂环己烷泄漏事故,造成 30 人伤亡,迫使 22 万人紧急疏散;1984 年墨西哥城液化石油气爆炸事故,使 650 人丧生、数千人受伤;1984 年印度博帕尔市郊农药厂发生甲基异氰酸盐泄漏的恶性中毒事故,有 2500 多人中毒死亡,20 余万人中毒受伤且其中大多数人双目失明致残,67 万人受到残留毒气的影响;1993 年 8 月 5 日深圳化学危险品仓库爆炸火灾事故造成 15 人死亡,100 多人受伤,损失 2 亿多元;1997 年 6 月 27 日北京某化工厂爆炸事故造成 8 人死亡,直接经济损失 1 亿多元。这些涉及危险化学品的事故,尽管其起因和影响不尽相同,但都有一些共同特征:它们是失控的偶然事件,会造成工厂内外大批人员伤亡,或是造成大量的财产损失或环境损害,或是两者兼而有之;发生事故的根源是设施或系统中储存或使用易燃、易爆或有毒物质。事实表明,造成重大工业事故的可能性和严重程度既与化学品的固有性质有关,又与设施中实际存在的危险品数量有关。

20 世纪 70 年代以来,由于重大工业事故不断发生,预防和控制重大工业事故成为各国社会、经济和技术发展的重点研究对象之一,引起国际社会的广泛重视。"重大危害(Major Hazards)"、"重大危害设施(国内通常称为重大危险源,Major Hazard Installations)"等概念也随之应运而生。1993 年第 80 届国家劳动大会通过了《预防重大工业事故》公约和建议书,该公约要求各成员国制订并实施重大危险源辨识、评价和控制的国家政策,预防重大工业事故发生。

国外重大事故预防的实践经验表明:为了有效预防重大工业事故的发生,降低事故造成的损失,必须建立重大危险源控制系统。英国、荷兰、德国、法国、意大利、比利时等欧盟成员国,以及美国、澳大利亚都颁布了有关重大危险源控制的法规,要求对重大危险源进行辨识与评价,提出相应的事故预防和应急预案等措施,并向主管当局提交详细描述重大危险源状况的安全报告,建立重大危险源控制系统。

5.2.1.1 国外重大危险源控制系统

重大危险源控制的目的,不仅是预防重大事故发生,而且要做到一旦发生事故,能将事故危害限制到最低程度。一般来说,重大危险源总是涉及易燃、易爆或有毒性的危险物质,并且在一定范围内使用、生产、加工或贮存超过了临界数量的这些物质。由于工业活动的复杂性,有效地控制重大危险源需要采用系统工程的思想和方法。

重大危险源控制系统主要由以下几个部分组成:

(1)重大危险源的辨识

防止重大工业事故发生的第一步,是辨识或确认高危险性的工业设施(危险源)。由政府主管部门和权威机构在物质毒性、燃烧、爆炸特性基础上,制定出危险物质及其临界量标准。通过危险物质及其临界量标准,可以确定哪些是可能发生事故的潜在危险源。

国际劳工组织认为:各国应根据具体的工业生产情况制定合适的危险物质及其临界量标

准。该标准应能代表本国优先控制的危险物质，并便于根据新的知识和经验进行修改和补充。

（2）重大危险源的评价

根据危险物质及其临界量标准进行重大危险源辨识和确认后，就应对其进行风险分析评价。一般来说，重大危险源的风险分析评价包括以下几个方面：

① 辨识各类危险因素及其原因与机制；

② 依次评价已辨识的危险事件发生的概率；

③ 评价危险事件的后果；

④ 进行风险评价，即评价危险事件发生概率和发生后果的联合作用；

⑤ 风险控制，即将上述评价结果与安全目标值进行比较，检查风险值是否达到可接受水平，否则需进一步采取措施，降低危险水平。

（3）重大危险源的管理

企业应对工厂的安全生产负主要责任。在对重大危险源进行辨识和评价后，应对每一个重大危险源制定出一套严格的安全管理制度，通过技术措施(包括化学品的选择，设施的设计、建造、运转、维修以及有计划的检查)和组织措施(包括对人员的培训与指导、提供保证其安全的设备、工作人员水平、工作时间、职责的确定，以及对外部合同工和现场临时工的管理)，对重大危险源进行严格控制和管理。

（4）重大危险源的安全报告

企业应在规定的期限内，对已辨识和评价的重大危险源向政府主管部门提交安全报告。如属新建的有重大危害性的设施，则应在其投入运转之前提交安全报告。安全报告应详细说明重大危险源的情况、可能引发事故的危险因素以及前提条件、安全操作和预防失误的控制措施、可能发生的事故类型、事故发生的可能性及后果、限制事故后果的措施、现场应急预案等。

安全报告应根据重大危险源的变化以及新知识和技术进展的情况进行修改和增补，并由政府主管部门经常进行检查和评审。

（5）应急预案

应急预案是重大危险源控制系统的重要组成部分。企业应负责制定现场应急预案，并且定期检验和评估现场应急预案和程序的有效程度，以及在必要时进行修订。场外应急预案由政府主管部门根据企业提供的安全报告和有关资料制定。应急预案的目的是抑制突发事件，减少事故对工人、居民和环境的危害。因此，应急预案应提出详尽、实用、明确和有效的技术与组织措施。政府主管部门应保证将发生事故时要采取的安全措施和正确做法的有关资料散发给可能受事故影响的公众，并保证公众充分了解发生重大事故时的安全措施，一旦发生重大事故，应尽快报警。

每隔适当的时间应修订和重新散发应急预案宣传材料。

（6）工厂选址和土地使用规划

政府有关部门应制定综合性的土地使用政策，确保重大危险源与居民区和其他工作场所、机场、水库、其他危险源和公共设施安全隔离。

（7）重大危险源的监察

政府主管部门必须派出经过培训的、考核合格的技术人员定期对重大危险源进行监察、调查、评估和咨询。

5.2.1.2 我国重大危险源安全监管总体思路

为加强和规划重大危险源安全生产监督管理，我国既对重大危险源安全监管开展了系列研究，也对重大危险源安全监管进行系列探索与实践。

20 世纪 80 年代初，"重大危险源评价和宏观控制技术研究"列入国家"八五"科技攻关项目，该课题提出了重大危险源的控制思想和评价方法。

1997 年，原劳动部选择北京、上海、天津、青岛、深圳和成都等六城市开展了重大危险源普查与监控试点工作，为危险化学品重大危险源安全监督管理相关技术方法奠定了良好基础。

2000 年颁布了《重大危险源辨识》(GB 18218—2000)，2009 年该标准经重新修订，发布为《危险化学品重大危险源辨识》(GB 18218—2009)。

2003 年 11 月，原国家安全生产监督管理局印发了《关于重大危险源申报登记试点工作的指导意见》(安监管办〔2003〕159 号)，在在辽宁、江苏、福建、广西、甘肃、浙江、重庆等省市开展了重大危险源申报登记试点工作。

2004 年 4 月，原国家安全生产监督管理局发布了《关于开展重大危险源监督管理工作的指导意见》(安监管协调字〔2004〕56 号)，初步提出了重大危险源监督管理的目标、任务、申报登记的范围以及监督管理的要求。

2005 年，国家安全生产监督管理总局发布了《关于规范重大危险源监督与管理工作的通知》(安监管协调字〔2005〕125 号)，并在 2006 年 4 月召开了全国重大危险源监督管理工作现场会议。

所有这些卓有成效的前期工作，为加强和规范重大危险源安全监督管理工作奠定了坚实基础。

重大危险源的监督管理是一项系统工程，需要合理设计，统筹规划，既要有利于国家有关部门宏观管理与决策，又要有利于地方各级政府的日常监督，促使企业严格管理，规范运作，确保安全生产。《安全生产法》第三十三条对建立我国重大危险源安全监督管理系统给出了粗略地轮廓，即要求"生产经营单位对重大危险源应当登记建档，进行定期检测、评估、监控，并制定应急预案，告知从业人员和相关人员在紧急情况下应当采取的应急措施。生产经营单位应当按照国家有关规定，将本单位重大危险源及有关安全措施、应急措施报有关地方人民政府负责安全生产监督管理的部门和有关部门备案"。

依照《安全生产法》的规定，参照各省市重大危险源安全监管实践经验，2011 年 8 月国家安全生产监督管理总局颁布了总局令第 40 号《危险化学品重大危险源监督管理暂行规定》。该规定的颁布实施，标志着重大危险源安全监督管理工作的系统化、科学化、制度化和规范化。2015 年 5 月 27 日国家安全生产监督管理总局公布的第 79 号令对 40 号令进行了修订，加大了处罚的力度。

《危险化学品重大危险源监督管理暂行规定》共 6 章 39 条，既明确了生产经营单位的职责，也明确了政府部门的职责，构成了我国重大危险源安全监管的总体思路(见图 5-1)。

就生产经营单位而言，从事危险化学品生产、储存、使用和经营的单位(统称危险化学品单位)是本单位重大危险源安全管理的责任主体，其主要负责人对本单位的重大危险源安全管理工作负责，并保证重大危险源安全生产所必需的安全投入。危险化学品单位安全管理职责主要包括：

(1) 按照《危险化学品重大危险源辨识》标准，进行重大危险源辨识，记录辨识过程与结果。

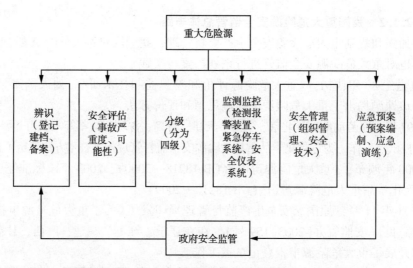

图 5-1 我国重大危险源安全监管总体思路

（2）进行重大危险源安全评估，确定重大危险源等级。

（3）建立完善重大危险源安全管理规章制度和安全操作规程，并采取有效措施保证其得到执行。

（4）根据构成重大危险源的危险化学品种类、数量、生产、使用工艺（方式）或者相关设备、设施等实际情况，建立健全安全监测监控体系，完善控制措施。

（5）按照国家有关规定，定期对重大危险源的安全设施和安全监测监控系统进行检测、检验，并进行经常性维护、保养。

（6）明确重大危险源中关键装置、重点部位的责任人或者责任机构，并对重大危险源的安全生产状况进行定期检查，及时采取措施消除事故隐患。

（7）对重大危险源的管理和操作岗位人员进行安全操作技能培训。

（8）在重大危险源所在场所设置明显的安全警示标志，写明紧急情况下的应急处置办法。

（9）将重大危险源可能发生的事故后果和应急措施等信息，以适当方式告知可能受影响的单位、区域及人员。

（10）依法制定重大危险源事故应急预案，建立应急救援组织或者配备应急救援人员，配备必要的防护装备及应急救援器材、设备、物资。

（11）制定重大危险源事故应急预案演练计划，并进行事故应急预案演练。

（12）对辨识确认的重大危险源及时、逐项进行登记建档。

就政府部门而言，重大危险源的安全监督管理实行属地监管与分级管理相结合的原则。县级以上地方人民政府安全生产监督管理部门按照有关法律、法规、标准和本规定，对本辖区内的重大危险源实施安全监督管理。具体安全监管职责主要包括：

（1）建立健全危险化学品重大危险源管理制度，明确责任人员，加强资料归档。

（2）加强对存在重大危险源的危险化学品单位的监督检查，督促危险化学品单位做好重大危险源的辨识、安全评估及分级、登记建档、备案、监测监控、事故应急预案编制、核销和安全管理工作。

（3）加强对工业（化工）园区等重大危险源集中区域的监督检查，确保重大危险源与周边单位、居民区、人员密集场所等重要目标和敏感场所之间保持适当的安全距离。

5.2.2 重大危险源辨识

《危险化学品重大危险源监督管理暂行规定》第七条明确要求，危险化学品单位应当按照《危险化学品重大危险源辨识》标准，对本单位的危险化学品生产、经营、储存和使用装置、设施或者场所进行重大危险源辨识，并记录辨识过程与结果。辨识重大危险源是加强重大危险源安全监督管理的首要工作。为此，首先需要确定重大危险源的辨识标准。

国际劳工组织认为，各国应根据具体的工业生产情况制定适合国情的重大危险源辨识标准。标准的定义应能反映出当地急需解决的问题以及一个国家的工业模式，可能需有一个特指的或是一般类别或两者兼有的危险物质一览表，并列出每个物质的限额或允许的数量，设施现场的危险物质超过这个数量，就可以定为重大危险源。任何标准一览表都必须是明确的和毫不含糊的，以便使雇主能迅速地鉴别出他控制下的哪些设施是在这个标准定义的范围内。要把所有可能造成伤亡的工业过程都定为重大危险源是不现实的，因为由此得出的一览表会太广泛，现有的资源无法满足要求。标准的定义需要根据经验和对危险物质了解的不断加深进行修改。

参考国外同类标准，结合我国工业生产的特点和火灾、爆炸、毒物泄漏重大事故的发生情况，以及1997年原劳动部组织实施的重大危险源普查试点工作情况，原国家经贸委安全科学技术研究中心（现今中国安全生产科学研究院）研究提出了国家标准《重大危险源辨识》（GB 18218—2000），该标准的出台将我国重大工业事故预防控制工作推向了一个新的高度，起到非常重要的作用。但是，在具体推行和使用过程中也遇到一些问题，如危险物质的适用范围过小、部分危险物质的临界量过低等问题，各地方辨识出重大危险源的数量太多，与我国薄弱的安全监管力量和落后的安全监管手段形成了矛盾，各种问题表明《重大危险源辨识》（GB 18218—2000）亟待修订。2007年2月中国安全生产科学研究院启动《重大危险源辨识》的修订工作；2009年3月中国国家标准化管理委员会发布了修订后的《危险化学品重大危险源辨识》（GB 18218—2009）。

2009年版与2000年版相比，主要有以下变化：

（1）将采矿业中涉及危险物质的加工工艺和储存活动纳入了适用范围。

（2）不适用范围增加了海上石油天然气开采活动。

（3）将单元的定义进行了修订，参考《安全生产法》将单元定义中的"工厂"一词修订为"生产经营单位"。

（4）对危险物质的范围进行了修订，原标准只包括爆炸性物质、易燃物质、活性物质和有毒物质，修订标准中主要参考《危险货物品名表》，增加了原标准没有的氧化性气体、易燃固体、自燃性物品、遇湿易燃物品等危险物质类别。修订标准的危险物质采用了直接给出危险物质名单和给出危险物质种类相结合的方式。

（5）对危险物质的临界量进行了修订，如汽油修订标准为200t，而原标准生产场所为2t，贮存场所为20t。这样有助于大大降低重大危险源的数量。

（6）取消了生产场所与储存区之间临界量的区别。

根据2009年版《危险化学品重大危险源辨识》，危险化学品重大危险源是指长期或临时生产、加工、使用或储存危险化学品，且危险化学品的数量等于或超过临界量的单元。这里，重点对2009年版《危险化学品重大危险源辨识》核心内容作具体说明。

5.2.2.1 适用范围

该标准规定了辨识危险化学品重大危险源的依据和方法，适用于各企业或组织危险化学品的生产、使用、储存和经营等。

该标准不适用于：

（1）核设施和加工放射性物质的工厂，但这些设施和工厂中处理非放射性物质的部门除外；

（2）军事设施；

（3）采矿业，但涉及危险化学品的加工工艺及储存活动除外；

（4）危险化学品的运输；

（5）海上石油天然气开采活动。

5.2.2.2 辨识依据

危险化学品重大危险源的辨识依据是危险化学品的危险特性及其数量，具体见表5-2和表5-3。

表5-2 危险化学品名称及其临界量

序号	类别	危险化学品名称和说明	临界量/t
1	爆炸品	叠氮化钡	0.5
2		叠氮化铅	0.5
3		雷酸汞	0.5
4		三硝基苯甲醚	5
5		三硝基甲苯	5
6		硝化甘油	1
7		硝化纤维素	10
8		硝酸铵(含可燃物>0.2%)	5
9	易燃气体	丁二烯	5
10		二甲醚	50
11		甲烷，天然气	50
12		氯乙烯	50
13		氢	5
14		液化石油气(含丙烷、丁烷及其混合物)	50
15		一甲胺	5
16		乙炔	1
17		乙烯	50
18	毒性气体	氨	10
19		二氟化氧	1
20		二氧化氮	1
21		二氧化硫	20
22		氟	1
23		光气	0.3
24		环氧乙烷	10

序号	类别	危险化学品名称和说明	临界量/t
25	毒性气体	甲醛(含量>90%)	5
26		磷化氢	1
27		硫化氢	5
28		氯化氢	20
29	毒性气体	氯	5
30		煤气(CO，CO 和 H_2、CH_4 的混合物等)	20
31		砷化三氢(胂)	1
32		锑化氢	1
33		硒化氢	1
34		溴甲烷	10
35	易燃液体	苯	50
36		苯乙烯	500
37		丙酮	500
38		丙烯腈	50
39		二硫化碳	50
40		环己烷	500
41		环氧丙烷	10
42		甲苯	500
43		甲醇	500
44		汽油	200
45		乙醇	500
46		乙醚	10
47		乙酸乙酯	500
48		正己烷	500
49	易于自燃的物质	黄磷	50
50		烷基铝	1
51		戊硼烷	1
52	遇水放出易燃气体的物质	电石	100
53		钾	1
54		钠	10
55	氧化性物质	发烟硫酸	100
56		过氧化钾	20
57	氧化性物质	过氧化钠	20
58		氯酸钾	100
59		氯酸钠	100
60		硝酸(发红烟的)	20
61		硝酸(发红烟的除外，含硝酸>70%)	100
62		硝酸铵(含可燃物≤0.2%)	300
63		硝酸铵基化肥	1000

序号	类别	危险化学品名称和说明	临界量/t
64	有机过氧化物	过氧乙酸(含量≥60%)	10
65		过氧化甲乙酮(含量≥60%)	10
66	毒性物质	丙酮合氰化氢	20
67		丙烯醛	20
68		氟化氢	1
69		环氧氯丙烷(3-氯-1,2-环氧丙烷)	20
70		环氧溴丙烷(表溴醇)	20
71		甲苯二异氰酸酯	100
72		氯化硫	1
73		氰化氢	1
74		三氧化硫	75
75		烯丙胺	20
76		溴	20
77		乙撑亚胺	20
78		异氰酸甲酯	0.75

表5-3 未在表5-2中列举的危险化学品类别及其临界量

类 别	危险性分类及说明	临界量/t
爆炸品	1.1A项爆炸品	1
	除1.1A项外的其他1.1项爆炸品	10
	除1.1项外的其他爆炸品	50
气体	易燃气体:危险性属于2.1项的气体	10
	氧化性气体:危险性属于2.2项非易燃无毒气体且次要危险性为5类的气体	200
	剧毒气体:危险性属于2.3项且急性毒性为类别1的毒性气体	5
	有毒气体:危险性属于2.3项的其他毒性气体	50
易燃液体	极易燃液体:沸点≤35℃且闪点<0℃的液体;或保存温度一直在其沸点以上的易燃液体	10
	高度易燃液体:闪点<23℃的液体(不包括极易燃液体);液态退敏爆炸品	1000
	易燃液体:23℃≤闪点<61℃的液体	5000
易燃固体	危险性属于4.1项且包装为Ⅰ类的物质	200
易于自燃的物质	危险性属于4.2项且包装为Ⅰ或Ⅱ类的物质	200
遇水放出易燃气体的物质	危险性属于4.3项且包装为Ⅰ或Ⅱ类的物质	200
氧化性物质	危险性属于5.1项且包装为Ⅰ类的物质	50
	危险性属于5.1项且包装为Ⅱ或Ⅲ类的物质	200
有机过氧化物	危险性属于5.2项的物质	50
毒性物质	危险性属于6.1项且急性毒性为类别1的物质	50
	危险性属于6.1项且急性毒性为类别2的物质	500

注:以上危险化学品危险性类别及包装类别依据《危险货物品名表》(GB 12268)确定,急性毒性类别依据《化学品分类和标签规范 第18部分:急性毒性》(GB 30000.18)确定。

表 5-4 化学品的急性毒性危害

接触途径		单位	类别 1	类别 2
经口		mg/kg	$LD_{50} \leqslant 5$	$5 < LD_{50} \leqslant 50$
经皮肤		mg/kg	$LD_{50} \leqslant 50$	$50 < LD_{50} \leqslant 200$
吸入	气体	mL/L	$LC_{50} \leqslant 0.1$	$0.1 < LC_{50} \leqslant 0.5$
	蒸气	mg/L	$LC_{50} \leqslant 0.5$	$0.5 < LC_{50} \leqslant 2.0$
	粉尘和烟雾	mg/L	$LC_{50} \leqslant 0.05$	$0.05 < LC_{50} \leqslant 0.5$

注：表中吸入的最大值是基于 4h 接触试验得出的。如现有 1h 接触的吸入毒性数据，对于气体和蒸气应除以 2，对于粉尘和烟雾应除以 4 加以转换。

5.2.2.3 危险化学品实际存在量确定

危险化学品临界量的确定方法如下：

（1）在表 5-2 范围内的危险化学品，其临界量按表 5-2 确定；

（2）未在表 5-2 范围内的危险化学品，依据其危险性，按表 5-3 确定临界量；若一种危险化学品具有多种危险性，按其中最低的临界量确定。

确定危险化学品实际存在量时，需注意以下事项：

（1）必须收集相关资料，包括《危险货物品名表》（GB 12268）、《危险货物分类和品名编号》（GB 6944）、《化学品分类和标签规范　第 18 部分：急性毒性》（GB 30000.18）、《危险货物运输包装类别划分方法》（GB/T 15098）等相关标准，以及化学品安全技术说明书（MSDS）等表明危险化学品物化特性和危险特性等数据的相关技术资料。此外，还应掌握危险化学品的具体信息，如名称、数量、浓度、状况、分布等。

（2）辨识的完整性。不仅是确认是否属于重大危险源，更主要是了解和掌握企业中高危险性的危化品种类、数量和分布情况。

（3）危险化学品辨识必须准确。同样的物质由于含量不同或性质变化可能存在不同的临界量，如硝酸铵（含可燃物>0.2%）、硝酸铵（含可燃物≤0.2%）和硝酸铵基化肥属于不同的危险类别，因此有不同的临界量。氯化氢属于辨识物质，而盐酸则不属于。

（4）临界量最小原则。一种危险化学品常具有多种危险性，按临界量小的确定。同一设备或场所重复存储多种危化品时，按临界量最小的危化品来确定。

（5）数量最大原则。对于单元内的危化品的实际存在量要按照数量最大原则确定。

（6）混合物数量的确定。对于属于混合物（包括溶液）数量按其整体数量确定，不按混合物中纯物质的数量确定。但应特别注意如果由于混合物组分或溶液浓度变化，导致该混合物（包括溶液）的整体危险性（与纯物质相比）发生重大变化时，则应确定该混合物是否还属于表 5-2、表 5-3 中标准辨识范围内的危险化学品，如果属于则按标准规定确定临界量，如果已不属于则该混合物的数量不予考虑。如果混合物（包括溶液）中所有危化品的质量分数低于百分之一，则该混合物数量不予考虑。

5.2.2.4 重大危险源的辨识指标

单元内存在危险化学品的数量等于或超过表 5-2、表 5-3 规定的临界量，即被定为重大危险源。单元内存在的危险化学品的数量根据处理危险化学品种类的多少区分为以下两种情况：

① 单元内存在的危险化学品为单一品种，则该危险化学品的数量即为单元内危险化学品的总量，若等于或超过相应的临界量，则定为重大危险源。

② 单元内存在的危险化学品为多品种时，则按式(5-1)计算，若满足式(5-1)，则定为重大危险源

$$q_1/Q_1+q_2/Q_2+\cdots+q_n/Q_n\geqslant 1 \qquad (5-1)$$

式中　q_1，q_2，…，q_n——每种危险化学品实际存在量，t；

Q_1，Q_2，…，Q_n——与各危险化学品相对应的临界量，t。

5.2.3　重大危险源评价分级

《危险化学品重大危险源监督管理暂行规定》第八条明确要求，危险化学品单位应当对重大危险源进行安全评估并确定重大危险源等级。

5.2.3.1　重大危险源分级

重大危险源分级的目的在于按其危险性进行初步排序，便于对重大危险源的安全评估、监测监控、应急演练周期等安全管理工作提出不同的要求，也便于各级安全监管部门根据重大危险源级别进行重点监管。

《危险化学品重大危险源监督管理暂行规定》根据危险程度将重大危险源由高到低划分为一级、二级、三级、四级四个级别。同时，考虑到重大危险源分级方法属于具体的技术性和专业性内容，《危险化学品重大危险源监督管理暂行规定》虽在条文中未直接明确分级方法，但以附件的形式给出了重大危险源分级方法，确定了分级指标及其计算方法，以及分级标准。

（1）重大危险源分级的原则

采用单元内各种危险化学品实际存在(在线)量与其在《危险化学品重大危险源辨识》(GB 18218—2009)中规定的临界量比值，经校正系数校正后的比值之和 R 作为分级指标。

（2）R 的计算方法

$$R=\alpha\left(\beta_1\frac{q_1}{Q_1}+\beta_2\frac{q_2}{Q_2}+\cdots+\beta_n\frac{q_n}{Q_n}\right) \qquad (5-2)$$

式中　q_1，q_2，…，q_n——每种危险化学品实际存在(在线)，t；

Q_1，Q_2，…，Q_n——与各危险化学品相对应的临界量，t；

β_1，β_2…，β_n——与各危险化学品相对应的校正系数；

α——该危险化学品重大危险源厂区外暴露人员的校正系数。

（3）校正系数 β 的取值

根据单元内危险化学品的类别不同，设定校正系数(β)值，见表 5-5 和表 5-6。

表 5-5　校正系数 β 取值表

危险化学品类别	毒性气体	爆炸品	易燃气体	其他类危险化学品
β	见表 5-6	2	1.5	1

注：危险化学品类别依据《危险货物品名表》中分类标准确定。

表 5-6　常见毒性气体校正系数 β 值取值表

毒性气体名称	一氧化碳	二氧化硫	氨	环氧乙烷	氯化氢	溴甲烷	氯
β	2	2	2	2	3	3	4
毒性气体名称	硫化氢	氟化氢	二氧化氮	氰化氢	碳酰氯	磷化氢	异氰酸甲酯
β	5	5	10	10	20	20	20

注：未在表 5-5 中列出的有毒气体可按 $\beta=2$ 取值，剧毒气体可按 $\beta=4$ 取值。

（4）校正系数 α 的取值

根据重大危险源的厂区边界向外扩展 500m 范围内常住人口数量，设定厂外暴露人员校正系数（α）值，见表 5-7。

表 5-7　校正系数 α 取值表

厂外可能暴露人员数量	α	厂外可能暴露人员数量	α
100 人以上	2.0	1~29 人	1.0
50~99 人	1.5	0 人	0.5
30~49 人	1.2		

（5）分级标准

根据计算出来的 R 值，按表 5-8 确定危险化学品重大危险源的级别。

表 5-8　危险化学品重大危险源级别和 R 值的对应关系

危险化学品重大危险源级别	R 值	危险化学品重大危险源级别	R 值
一级	$R \geqslant 100$	三级	$50 > R \geqslant 10$
二级	$100 > R \geqslant 50$	四级	$R < 10$

5.2.3.2　重大危险源安全评估

重大危险源安全评估是依据《安全生产法》第三十三条中要求"定期评估"而设定的，是危险化学品单位的法定义务之一，其实施主体是危险化学品单位。

（1）安全评估机构

与现有法律、行政法规规定的"安全评价"必须委托具备国家规定的资质条件的机构来进行所不同的是，《危险化学品重大危险源监督管理暂行规定》提出重大危险源安全评估可由危险化学品单位自身组织进行，也可以委托具有相应资质的安全评价机构进行。

同时，考虑到某些重大危险源，例如具有一定数量的毒性气体、爆炸品、液化易燃气体重大危险源，其危险性非常高，一旦发生事故，其可能造成事故后果更为严重、事故影响范围更大，是企业安全管理和政府安全监管的重中之重，需对这些重大危险源的安全状况进行重点评估分析和管理控制，也就需要对这些重大危险源的安全评估提出更高、更严的要求。基于此，《危险化学品重大危险源监督管理暂行规定》在综合分析近年来国内外危险化学品重特大事故的基础上，梳理提出以下两种情形必须由具有相应资质的安全评价机构进行重大危险源安全评估：

一是构成一级或者二级重大危险源，且毒性气体实际存在（在线）量与其在《危险化学品重大危险源辨识》中规定的临界量比值之和大于或等于 1 的；

二是构成一级重大危险源，且爆炸品或液化易燃气体实际存在（在线）量与其在《危险化学品重大危险源辨识》中规定的临界量比值之和大于或等于 1 的。

（2）安全评估方法

安全评估的方法众多，如安全检查表法（SCL）、预先危险分析法（PHA）、危险与可操作性分析（HAZOP）、事件树分析（ETA）、事故树分析（FTA）、故障类型与影响分析（FMEA）等。

但是，对于须由具有相应资质的安全评价机构进行安全评估的两种重大危险源，《危险化学品重大危险源监督管理暂行规定》对其安全评估的方法做了明确要求，即按照有关标准采用定量风险评价方法进行安全评估。这主要是考虑到定量风险评价是准确掌握重大危险源现实安全状况，有效提高安全管理与监控的有效手段，可为实现重大危险源的风险管理提供科学决策依据。根据定量风险分析评价方法得到的结论，可制定更为科学、更为合理的风险降低措施。目前该方法在国外发达工业国家已得到较为广泛的应用，其科学性与合理性也已得到实践验证。最近几年，定量风险评价方法在我国也逐渐开始应用，也已形成较为成熟的技术基础。因此对毒性气体、爆炸品、易燃气体的一级和二级危险化学品重大危险源进行定量风险评价是现实可行的。进行定量风险评价时依据安全生产行业标准《化工装置定量风险评价导则》的要求来进行。

需要特别指出的是，存在重大危险源的危险化学品单位周边重要目标和敏感场所承受的个人风险应满足表 5-9 中可容许风险标准要求。

表 5-9　可容许个人风险标准

危险化学品单位周边重要目标和敏感场所类别	可容许风险/年
1. 高敏感场所(如学校、医院、幼儿园、养老院等)； 2. 重要目标(如党政机关、军事管理区、文物保护单位等)； 3. 特殊高密度场所(如大型体育场、大型交通枢纽等)	$<3 \times 10^{-7}$
1. 居住类高密度场所(如居民区、宾馆、度假村等)； 2. 公众聚集类高密度场所(如办公场所、商场、饭店、娱乐场所等)	$<1 \times 10^{-6}$

危险化学品重大危险源产生的社会风险应满足图 5-2 中可容许社会风险标准要求。其中：

① 若社会风险曲线落在不可容许区，除特殊情况外，该风险无论如何不能被接受。

② 若落在可容许区，风险处于很低的水平，该风险是可以被接受的，无需采取安全改进措施。

③ 若落在尽可能降低区，则需要在可能的情况下尽量减少风险，即对各种风险处理措施方案进行成本效益分析等，以决定是否采取这些措施。

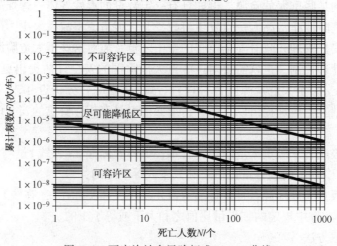

图 5-2　可容许社会风险标准(F–N)曲线

目前，中国安全生产科学研究院研制开发了重大危险源区域定量风险评价软件 CASST-QRA(软件著作权登记号：2007SR09261)。该软件采用了先进的有毒物质泄漏扩散、火灾、爆炸和毒物影响模型，经过了多个区域性定量风险评价项目试点应用的实际验证，并结合了专业从事定量风险评价工作专家的宝贵经验，可进行区域性的事故后果计算、个人风险和社会风险的计算，是进行安全评价、应急预案编制、土地使用安全规划等工作的必备工具。其采用的核心技术均通过了国家安全生产监督管理总局组织的成果鉴定，相关成果先后获得劳动部科学技术进步一等奖、北京市科学技术奖和国家安全生产监督管理总局安全生产科技成果奖一等奖等。

CASST-QRA 软件(图 5-3)主要功能包括：

① 设备设施失效频率分析。在重大危险源辨识的基础上，结合事故树的分析，筛选出定量风险评价所需的压力容器、常压容器、管线、阀门、泵、压缩机等事故风险点清单。在工艺过程危险因素分析的基础上，进行主要危险点泄漏尺寸类型分析，以此确定各危险点设备设施失效频率。

② 事故发生情景频率分析。各个风险点会因危险物质种类、泄漏类型、泄漏大小、点火条件等的不同而产生不同的事故情景，不同事故情景发生的概率不同。通过事件树分析，建立不同事故风险点的事件树，进行量化分析，确定发生凝聚项含能材料整体爆炸、压力容器物理爆炸、沸腾液体扩展蒸气爆炸(BLEVE)、蒸气云爆炸(VCE)、池火灾、有毒气体扩散等情景的条件概率分布。

③ 点火可能性分析。可燃气体泄漏后，会因明火、摩擦、高温物体表面、静电火花等直接点燃，也可在蒸气云扩散过程中遇到合适的点火源而发生不同时间阶段的延时点火。在设备实施、工艺条件、平面布局等分析的基础上，对工程项目厂内、周边设施、道路等的潜在点火源进行分析，分析其潜在的点火可能性及导致点火的累积概率。

④ 泄漏计算。存储于罐体、管道的介质由于罐体或管道破损，会产生泄漏，形成液池和蒸发。通过软件内嵌的泄漏模型，计算出泄漏量、蒸发量、液池面积等数据，为事故后果和个人风险计算提供支持。

⑤ 事故后果计算。根据事故情景描述以及泄漏计算的结果，可以计算出所有事故情景的事故伤害后果，用死亡可能性50%的涵盖区域来描述。其中还包含气体扩散形成蒸气云爆炸和闪火危害的后果。见图 5-4(a)。

⑥ 个人风险计算。基于设备设施失效频率、事故发生情景频率、气象条件概率和事故后果，通过计算模块，完成事故发生频率和事故后果的拟合计算，并在评价区域平面图上绘制出所要求的个人风险等值线分布图。见图 5-4(b)。

⑦ 社会风险计算。基于个人风险计算结果、区域人口分布及气象条件概率，通过计算模块，完成事故情景发生累积频率和伤亡人数的计算，并在社会风险曲线窗口绘制不同企业和区域的社会风险曲线。见图 5-4(c)。

(a)软件启动界面

(b)软件主界面

图 5-3　重大危险源区域定量风险评价软件

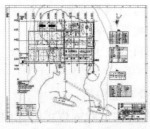
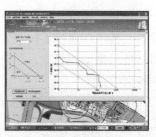

(a)事故后果计算　　　　　　　　(b)个人风险计算　　　　　　　　(c)社会风险计算

图5-4　重大危险源区域定量风险评价软件主要功能模块

（3）安全评估报告

重大危险源安全评估报告是企业和政府安全监管部门全面了解和掌握重大危险源安全状况的重要文件，其应当客观公正、数据准确、内容完整、结论明确、措施可行。

根据安全生产行业标准《安全评价通则》（AQ 8001—2007)对评价内容的要求，以及现行法律法规对重大危险源安全监督管理的要求，《危险化学品重大危险源监督管理暂行规定》梳理提出了重大危险源评估报告的内容要求，主要包括：评估的主要依据；重大危险源的基本情况；事故发生的可能性及危害程度；个人风险和社会风险值(仅适用定量风险评价方法)；可能受事故影响的周边场所、人员情况；重大危险源辨识、分级的符合性分析；安全管理措施、安全技术和监控措施；事故应急措施以及评估结论与建议等。

考虑到现有法律、行政法规已建立完善的危险化学品安全生产许可、生产储存建设项目安全许可等制度，确立了严格安全生产条件准入制度，同时为避免要求危险化学品重复进行安全评价或评估，也为减轻企业负担，发挥企业自身的能力与特长，鼓励企业建立自身的风险管理制度，《危险化学品重大危险源监督管理暂行规定》提出将《安全生产法》《安全生产许可条例》《危险化学品安全管理条例》等法律法规规定的安全评价与重大危险源安全评估结合起来一并进行，以安全评价报告代替安全评估报告。

（4）重大危险源重新评估分级

重大危险源不是静态的，不是一成不变的，是动态，因而经过辨识、分级和安全评估后并不是一劳永逸的。当经过一段的时间后重大危险源自身或其周边环境可能发生变化，或者随着科技进步，对重大危险源及其风险有了新的认识，就需要对重大危险源的安全状况重新进行确认，对此《危险化学品重大危险源监督管理暂行规定》提出6种情形需对重大危险源重新进行辨识、安全评估和分级：

① 重大危险源安全评估已满3年的；

② 构成重大危险源的装置、设施或者场所进行新建、改建、扩建的；

③ 危险化学品种类、数量、生产、使用工艺或者储存方式及重要设备、设施等发生变化，影响重大危险源级别或者风险程度的；

④ 外界生产安全环境因素发生变化，影响重大危险源级别和风险程度的；

⑤ 发生危险化学品事故造成人员死亡，或者10人以上受伤，或者影响到公共安全的；

⑥ 有关重大危险源辨识和安全评估的国家标准、行业标准发生变化的。

5.2.4　重大危险源登记建档与备案

《危险化学品重大危险源监督管理暂行规定》第二十二、第二十三、第二十四条对重大危险源的等级建档与备案作了具体要求。

5.2.4.1 重大危险源登记建档

登记建档是《安全生产法》第三十三条的明确要求，也是企业落实重大危险源安全管理的具体体现。为此，危险化学品单位应当对辨识确认的重大危险源及时、逐项进行登记建档。

重大危险源档案应当包括下列文件、资料：

（1）辨识、分级记录；

（2）重大危险源基本特征表；

（3）涉及的所有化学品安全技术说明书；

（4）区域位置图、平面布置图、工艺流程图和主要设备一览表；

（5）重大危险源安全管理规章制度及安全操作规程；

（6）安全监测监控系统、措施说明、检测、检验结果；

（7）重大危险源事故应急预案、评审意见、演练计划和评估报告；

（8）安全评估报告或者安全评价报告；

（9）重大危险源关键装置、重点部位的责任人、责任机构名称；

（10）重大危险源场所安全警示标志的设置情况；

（11）其他文件、资料。

需指出的是，这些文档不一定集中保存在企业的一个部门如安全管理部门，而可能根据其各自职责和文档类型分散保存在不同的部门。

5.2.4.2 重大危险源备案

备案，即存档备查。《危险化学品安全管理条例》(国务院第591号令)第二十五条规定：对剧毒化学品以及储存数量构成重大危险源的其他危险化学品，储存单位应当将其储存数量、储存地点以及管理人员的情况，报所在地县级人民政府安全生产监督管理部门(在港区内储存的，报港口行政管理部门)和公安机关备案。《危险化学品重大危险源监督管理暂行规定》对备案具体要求进行了明确和细化。

危险化学品单位在完成重大危险源安全评估报告或者安全评价报告后15日内，应当填写重大危险源备案申请表，连同《危险化学品重大危险源监督管理暂行规定》第二十二条规定的重大危险源档案材料(其中第二款第五项规定的文件资料只需提供清单)，报送所在地县级人民政府安全生产监督管理部门备案。

县级人民政府安全生产监督管理部门应当每季度将辖区内的一级、二级重大危险源备案材料报送至设区的市级人民政府安全生产监督管理部门。设区的市级人民政府安全生产监督管理部门应当每半年将辖区内的一级重大危险源备案材料报送至省级人民政府安全生产监督管理部门。

重大危险源出现《危险化学品重大危险源监督管理暂行规定》第十一条所列情形之一的，危险化学品单位应当及时更新档案，并向所在地县级人民政府安全生产监督管理部门重新备案。

此外，危险化学品单位新建、改建和扩建危险化学品建设项目，应当在建设项目竣工验收前完成重大危险源的辨识、安全评估和分级、登记建档工作，并向所在地县级人民政府安全生产监督管理部门备案。

5.2.5 重大危险源安全监控

安全监测监控系统是保障重大危险源安全，降低重大事故风险的重要措施。《危险化学品重大危险源监督管理暂行规定》第十三条规定：危险化学品单位应当根据构成重大危险源的危险化学品种类、数量、生产、使用工艺（方式）或者相关设备、设施等实际情况，建立健全安全监测监控体系，完善控制措施。

5.2.5.1 重大危险源安全监控系统建设依据

危险化学品单位应当根据重大危险源的实际情况，依据以下标准规范建立完善重大危险源安全监测监控系统：

（1）《石油化工可燃气体和有毒气体检测报警设计规范》（GB 50493—2009）；

（2）《工作场所有毒气体检测报警装置设置规范》（GBZ/T 223—2009）；

（3）《作业场所环境气体检测报警仪通用技术要求》（GB 12358—2006）；

（4）《企业安全生产网络化监测系统规范》（AQ 9003—2008）；

（5）《危险化学品重大危险源安全监控通用技术规范》（AQ 3035—2010）；

（6）《危险化学品重大危险源罐区现场安全监控装备设置规范》（AQ 3036—2010）；

（7）《石油化工安全仪表系统设计规范》（SH/T 3018—2003）；

（8）《自动化仪表选型设计规定》（HG 20507—2000）；

（9）《控制室设计规范》（HG/T 20508—2014）；

（10）《自动分析器室设计规范》（HG/T 20516—2014）；

（11）《电气/电子/可编程电子安全相关系统的功能安全》（GB/T 20438.1~7）等。

另外，对于属于危险化工工艺的重大危险源，应按《关于公布首批重点监管的危险化工工艺目录的通知》（安监总管三〔2009〕116 号）的要求，完善危险化工工艺生产装置的自动化控制系统。对于视频监控系统，可参照《工业电视系统工程设计规范》（GB 50115—2009）等标准进行设置。

5.2.5.2 重大危险源安全监控系统建设要求

根据《危险化学品重大危险源安全监控通用技术规范》（AQ 3035—2010）和《危险化学品重大危险源罐区现场安全监控装备设置规范》（AQ 3036—2010），危险化学品重大危险源安全监测监控系统建设应满足以下要求：

（1）重大危险源配备温度、压力、液位、流量、组分等信息的不间断采集和监测系统以及可燃气体和有毒有害气体泄漏检测报警装置，并具备信息远传、连续记录、事故预警、信息存储等功能；一级或者二级重大危险源，具备紧急停车功能。记录的电子数据的保存时间不少于 30 天；

（2）重大危险源的化工生产装置装备满足安全生产要求的自动化控制系统；一级或者二级重大危险源，装备紧急停车系统；

（3）对重大危险源中的毒性气体、剧毒液体和易燃气体等重点设施，设置紧急切断装置；毒性气体的设施，设置泄漏物紧急处置装置。涉及毒性气体、液化气体、剧毒液体的一级或者二级重大危险源，配备独立的安全仪表系统（SIS）；

（4）重大危险源中储存剧毒物质的场所或者设施，设置视频监控系统；

（5）安全监测监控系统符合国家标准或者行业标准的规定。

此外，由于重大危险源本身的危险性及其生产条件的复杂性与苛刻性，为确认重大危源中的安全设施和安全监测监控系统在运行一段时间后是否仍能满足当时设计条件，需要对其定期进行检测、检验，并进行经常性维护、保养，保证重大危险源的安全设施和安全监测监控系统有效、可靠运行。

5.2.5.3 重大危险源安全监控预警系统构成

重大危险源安全监控系统由数据采集装置、逻辑控制器、执行机构以及工业数据通讯网络等仪表和器材组成，可采集安全相关信息，并通过数据分析进行故障诊断和事故预警确定现场安全状况，同时配备联锁装备在危险出现时采取相应措施的重大危险源计算机数据采集与监控系统。

（1）技术要求

由于危险化学品重大危险源涉及生产、使用和储存大量易燃、易爆及毒性物质，易发生燃烧、爆炸和中毒等重大事故，故进行重大危险源监控预警系统设计时，需特别注意以下要求：

① 重大危险源(储罐区、库区和生产场所)应有相对独立的安全监控预警系统，相关现场探测仪器的数据宜直接接入到系统控制设备中，系统应符合本标准的规定；

② 系统中的设备应符合有关国家法规或标准的规定，按照经规定程序批准的图样及文件成套制造，并经国家权威部门检测检验认证合格；

③ 系统所用设备应符合现场和环境的具体要求，具有相应的功能和使用寿命。在火灾和爆炸危险场所设置的设备，应符合国家有关防爆、防雷、防静电等标准和规范的要求；

④ 控制设备应设置在有人值班的房间或安全场所；

⑤ 系统报警等级的设置应同事故应急处置与救援相协调，不同级别的事故分别启动相对应的应急预案；

⑥ 对于容易发生燃烧、爆炸和毒物泄漏等事故的高度危险场所、远距离传输、移动监测、无人值守或其他不宜于采用有线数据传输的应用环境，应选用无线传输技术与装备。

（2）监控项目

对于储罐区(储罐)、库区(库)、生产场所三类重大危险源，因监控对象不同，所需要的安全监控预警参数有所不同。主要可分为：

① 储罐以及生产装置内的温度、压力、液位、流量、阀位等可能直接引发安全事故的关键工艺参数；

② 当易燃易爆及有毒物质为气态、液态或气液两相时，应监测现场的可燃/有毒气体浓度；

③ 气温、湿度、风速、风向等环境参数；

④ 音视频信号和人员出入情况；

⑤ 明火和烟气；

⑥ 避雷针、防静电装置的接地电阻以及供电状况。

对于储罐区(储罐)，监测预警项目主要根据储罐的结构和材料、储存介质特性以及罐区环境条件等的不同进行选择。一般包括罐内介质的液位、温度、压力，罐区内可燃/有毒气体浓度、明火、环境参数以及音视频信号和其他危险因素等。

对于库区(库)，监测预警项目主要根据储存介质特性、包装物和容器的结构形式和环境条件等的不同进行选择。一般包括库区室内的温度、湿度、烟气，以及室内外的可燃/有毒气体浓度，明火、音视频信号以及人员出入情况和其他危险因素等。

对于生产场所，监测预警项目主要根据物料特性、工艺条件、生产设备及其布置条件等的不同进行选择。一般包括温度、压力、液位、阀位、流量以及可燃/有毒气体浓度、明火和音视频信号和其他危险因素等。

（3）系统组成

在架构上，重大危险源安全监控预警系统一般由监测器、隔离变送器、摄像机、二次仪表、现场监控器、执行机构（包括报警器等）、视频处理设备、监控计算机、传输接口、电源、线缆、防雷装置、防静电装置、其他必要设备等和软件组成。其中监控中心硬件一般包括传输接口、监控计算机、显示设备、服务器、网络设备、大容量储存设备、UPS 电源、打印机、空调等其他配套设备等。现场设备包括传感器、隔离变送设备、摄像机、二次仪表、现场监控器、执行机构等。

第6章 危险化学品的灌（充）装安全

6.1 永久气体气瓶的充装

永久气体是指临界温度低于-10℃的气体经低温处理后气液两相共存的介质，如液氧、液氮、液氩等。本节规定了包括工业用永久气体气瓶的充装和低温液化永久气体汽化后的气瓶充装。

6.1.1 充装前的检查与处理

充装前的气瓶应由专人负责，逐只进行检查，具有表6-1所列情况之一的气瓶，禁止充装。

表6-1 禁止充装的永久气体气瓶

序 号	禁止充装的气瓶
1	不具有"气瓶制造许可证"的单位生产的气瓶
2	进口气瓶未经安全监察机构批准认可的
3	将要充装的气体与气瓶制造钢印标记中充装气体名称或化学分子式不一致的
4	警示标签上印有的瓶装气体名称及化学分子式与气瓶制造钢印标记中的不一致的
5	将要充装的气瓶不是本充装站的自有产权气瓶，气瓶技术档案不在本充装单位的
6	原始标记不符合规定，或钢印标志模糊不清、无法辨认的
7	气瓶颜色标记不符合《气瓶颜色标志》(GB 7144)的规定，或严重污损、脱落，难以辨认的
8	气瓶使用年限超过30年的
9	超过检验期限的
10	气瓶附件不全、损坏或不符合规定的
11	氧气瓶或强氧化性气体气瓶的瓶体或瓶阀上沾有油脂的
12	气瓶生产国的政府已宣布报废的气瓶
13	经过改装的气瓶

颜色或其他标记以及瓶阀出口螺纹与所装气体的规定不相符的气瓶及有不明剩余气体的气瓶，除不予充气外，还应查明原因，报告上级主管部门和安全监察机构，进行处理。

无剩余压力的气瓶，充装前应充入氮气后抽真空。之后如发现瓶阀出口处有污迹或油迹，应将卸下瓶阀，进行内部检查或脱脂。确认瓶内无异物，并按规定检查合格方可充气。

新投入使用、或经内部检验后首次充气的气瓶，充气前都应按规定先置换，除去瓶内的空气及水分，经分析合格后方能充气。

在检验有效期内的气瓶，如外观检查发现有重大缺陷或对内部情况有怀疑的气瓶，发生交通事故后，车上运输的气瓶、瓶阀及其他附件，应先送检验单位，按规定进行技术检验与评定，检验合格后方可重新使用。库存和停用时间超过一个检验周期的气瓶，启用前应进行检验。

国外进口的气瓶，外国飞机、火车、轮船上使用的气瓶，要求在我国境内充气时，应先由安全监察机构认可和检验机构进行检验。

发现氧气瓶内有积水时，充气前应将气瓶倒置，轻轻开启瓶阀，完全排除积水后方可充气。

经检查不合格（包括待处理）的气瓶应分别存放，并作出明显标记，以防与合格气瓶相互混淆。

气瓶水压试验有效期前1个月应向气瓶检验机构提出定期检验要求。

6.1.2 气瓶充装

气瓶充装系统用的压力表，准确度应不低于1.5级，表盘直径应不小于150mm。检验周期不应大于半年。

装瓶气体中的杂质含量应符合相应气体标准的要求。表6-2所列气体禁止装瓶。

表6-2 禁止装瓶的气体

序　号	下列气体禁止装瓶
1	氧气中的乙炔、乙烯及氢的总含量达到或超过2%（按体积分数，下同）或易燃性气体的总含量达到或超过4%者
2	氢气中的氧含量达到或超过0.5%者
3	其他易燃性气体中的氧含量达到或超过4%者

气瓶充装气体时，必须严格遵守表6-3所列各项规定。

表6-3 气瓶充装的规定

序　号	充装气体的要求
1	充气前必须检查确认气瓶是经过检查合格（应有记录）或妥善处理了（应有记录）的
2	用卡子代替螺纹连接进行充装时，必须认真仔细检查确认瓶阀出气口的螺纹与所装气体所规定的螺纹型式相符
3	防错装接头零部件是否灵活好用
4	开启瓶阀时应缓慢操作，并应注意监听瓶内有无异常音响
5	充装易燃气体的操作过程中，禁止用扳手等金属器具敲击瓶阀或管道
6	在瓶内气体压力达到7MPa以前，应逐只检查气瓶的瓶体温度是否大体一致，在瓶内压力达到10MPa时，应检查瓶阀的密封是否良好。发现异常时应及时妥善处理
7	气瓶的充气流量不得大于8m³/h（标准状态气体）且充装的时间不应少于30min
8	用充气汇流排充装气体时，在瓶组压力达到充装压力的10%以后，禁止再插入空瓶进行充装

气瓶的充装量应严格控制，确保气瓶在最高使用温度（国内使用的，定为60℃）下，瓶内气体的压力不超过气瓶的许用压力。根据《钢质无缝气瓶》（GB 5099）的规定，国产气瓶的许用压力为水压试验压力的0.8倍。

用国产气瓶充装的各种常用永久气体，充装压力（表压）不得超过国标《永久气体气瓶充装规定》（GB 14194—2006）的相关规定。

充装温度的确定：取充气车间的环境室温加上充气温差（指在测温试验时实际测定得出的气瓶充装温度与室温之差）作为气瓶的充装温度。充气温差应在规定的充气速度下，由实验确定，实验结果应挂贴上墙。

低温液化永久气体汽化后的气瓶充装过程中还应遵守表 6-4 规定。

表 6-4　低温液化永久气体汽化后的气瓶充装规定

序　号	低温液化永久气体汽化后的气瓶充装规定
1	充装前应检查低温气体汽化器气体出口温度、压力控制装置是否处于正常状态
2	低温液体泵开启前，要有冷泵过程(冷泵时间参照泵的使用说明书)
3	气瓶充装过程中，低温液体汽化器出口温度不得低于 0℃，若出现上述现象应及时妥善处理
4	低温液体加压汽化充瓶装置中，低温泵排液量与汽化器的换热面积及充装量应匹配，应使每瓶气的充装时间不得小于 30min，汽化器的出口温度低于 0℃ 及超压时应有系统报警及联锁停泵装置
5	低温液体充装站的操作人员应佩戴可靠的防冻伤的劳保用品

充装后的气瓶，应有专人负责，逐只进行检查。不符合要求时，应进行妥善处理，检查内容见表 6-5。

表 6-5　充装后气瓶的检查项目

序　号	充装后气瓶的检查项目
1	瓶内压力(充装量)及质量是否符合安全技术规范及相关标准的要求
2	瓶阀及其与瓶口连接的密封是否良好
3	气瓶充装后是否出现鼓包变形或泄漏等严重缺陷
4	瓶体的温度是否有异常升高的迹象
5	气瓶的瓶帽、防震圈、充装标签和警示标签是否完整

6.1.3　充装记录

充气单位应由专人负责填写气瓶充装记录，记录内容见表 6-6。充气单位应负责妥善保管气瓶充装记录。保存时间不应少于 2 年。

表 6-6　充装记录

充气日期	瓶号	室温	充装压力	充装起止时间	充装人	气瓶充装前剩余气体是否与将要充装的气体相同	有无发现异常情况	不明剩余气体的气瓶的处理

6.2　液化气体气瓶的充装

国标《液化气体气瓶充装规定》(GB 14193—2009)规定了高压液化气体气瓶和在最高使用温度下饱和蒸气压力不小于 0.1MPa(表压，下同)的低压液化气体气瓶的充装。

6.2.1　充装前的检查与处理

充装操作人员应熟悉所装介质的特性(燃、毒及腐蚀性等)、安全防护措施及其与气瓶材料(包括瓶体及瓶阀等附件)的相容性。

充装前的气瓶应由专人负责，逐只进行检查，有下列情况之一的气瓶，禁止充装，见表 6-7。

表 6-7 液化气体禁止充装的气瓶

序　号	禁止充装的气瓶
1	不具有"气瓶制造许可证"的单位生产的气瓶
2	进口气瓶未经省级安全监察机构批准认可且具有合格证的
3	将要充装的气体与气瓶制造钢印标记中充装气体名称或化学分子式不一致的
4	警示标签上印有的气体名称及化学分子式与气瓶制造钢印标记中的不一致的
5	不是本充装站的自有产权气瓶或气瓶技术档案不在本充装单位的
6	气瓶的原始标记不符合规定，或钢印标志模糊不清，无法辨认的
7	颜色标志不符合《气瓶颜色标志》(GB 7144)的规定，或严重污损脱落，难以辨认的
8	使用年限超过规定的
9	超过检验期限的
10	经过改装的
11	附件不全、损坏或不符合规定的
12	瓶体或附件材料与所装介质性质不相容的
13	低压液化气体气瓶的许用压力小于所装介质在气瓶最高使用温度下的饱和蒸气压的(国内的低压液化气体气瓶最高使用温度定为60℃)

颜色或其他标记以及瓶阀出口螺纹与所装气体的规定不相符的气瓶，除不予充气外，还应查明原因，报告上级主管部门或当地质监部门，进行处理。无剩余压力的气瓶，充装前应将瓶阀卸下，进行内部检查。经确认瓶内无异物，并按规定处理后方可充气。

新投入使用或经内部检验后首次充气的气瓶，充气前都应按规定先置换除去瓶内的空气，并经分析合格后方可充气。

检验期限已过的气瓶、外观检查发现有重大缺陷或对内部状况有怀疑的气瓶，应先送检验检测机构，按规定进行技术检验与评定。

国外进口的气瓶，外国飞机、火车、轮船上使用的气瓶，要求在我国境内充气时，应先经由质监部门认可或指定的检测机构进行检验。

经检查不合格(包括待处理)的气瓶，应分别存放，并作出明显标记，以防止相互混淆。

6.2.2　充装规定

充装计量衡器应保持准确，其最大称量值不得大于气瓶实际质量(包括气瓶质量与充液质量)的 3 倍，也不得小于 1.5 倍。衡器应按有关规定定期进行校验，并且至少在每班使用前校验一次。衡器应设置气瓶超装报警或自动切断气源的联锁装置。

易燃液化气体中的氧含量超过 2%(体积分数)时，禁止充装。气瓶充装液化气体时，必须遵守表 6-8 的规定。

表 6-8　液化气体气瓶的充装规定

序　号	充 装 规 定
1	充气前必须检查确认气瓶是经过检查合格的
2	用卡子连接代替螺纹连接进行充装时，必须认真检查确认瓶阀出气口螺纹与所装气体所规定的螺纹型式相符
3	开启阀门应缓慢操作，注意充装速度和充装压力，并应注意监听瓶内有无异常音响
4	充装易燃气体的操作过程中，应使用不产生火花的操作及检修工具
5	在充装过程中，应随时检查气瓶各处的密封状况。发现异常时应及时妥善处理

液化气体的充装量必须精确计量，并按下列规定逐只检查核定：

（1）气瓶的充装量不得大于气瓶容积与充装系数乘积的计算值，也不得大于气瓶产品规定的充装量；

（2）充装量应包括余气在内的瓶中全部介质，即气瓶充装量应为气瓶充装后的实重与空瓶重之差值。

关于充装系数的规定参见国标 GB 14193—2009。禁止用下列方法来确定充装量，见表 6-9。

表 6-9　被禁止的计量充装量的方法

序　号	被禁止的计量充装量的方法
1	气瓶集合充装，统一称重均分计算，或在一个汇流排中仅使用一个衡器计量其中一瓶气体，其他气瓶参照该凭证数值计量
2	按气瓶充装前后实测的质量差计量
3	按气瓶充装前后储罐存液量之差计量
4	按气瓶容积装载率计量

液化气体的充装量必须严格控制，发现充装过量的气瓶，必须将超装的液体妥善排出。气瓶充装后，充装单位必须按规定在气瓶上粘贴符合国家标准《气瓶警示标签》（GB 16804）的警示标签和充装标签。

充装后的气瓶，应有专人负责，逐只进行检查。不符合要求时应进行妥善处理。检查内容见表 6-10。

表 6-10　充装液化气体气瓶的检查项目

序　号	检查项目
1	充装量是否在规定范围内
2	瓶阀及其与瓶口连接的密封是否良好
3	瓶体是否出现鼓包变形或泄漏等严重缺陷
4	瓶体的温度是否有异常升高的迹象
5	气瓶是否粘贴警示标签和充装标签

6.2.3　充装记录

充气单位应由专人负责填写气瓶充装记录，记录项目见表 6-11。充气单位应负责妥善保管气瓶充装记录，保存时间不应小于 2 年。

表 6-11　液化气瓶充装记录

充气日期	瓶号	室温	气瓶标记容积	质量	充气后总质量	有无发现异常情况	充装者代号	检验者代号

6.3　易燃液体的灌装

6.3.1　液体石油产品的静电安全

液体石油产品在流动、过滤、混合、喷雾、喷射、冲洗、加注、晃动等情况下，由于静电荷的产生速度高于静电荷的泄漏速度，从而积聚静电荷。当积聚的静电荷，其放电的能量大于可燃混合物的最小引燃能，并且在放电间隙中油品蒸气和空气混合物处于爆炸极限范围时，将引起静电危害。

（1）预防静电危害的基本方法

静电接地：油品生产和贮运设施、管道及加油辅助工具等应采取静电接地。当它们与防雷、电气保护接地系统可以共用时，不再采用单独静电接地措施。静电导体与大地间的总泄漏电阻值在通常情况下均不大于 1MΩ。专设的静电接地体的接地电阻值一般不应大于100Ω，在山区等土壤电阻率较高的地区，其接地电阻值也不应大于1000Ω。

改善工艺操作条件：在生产工艺的操作上，应控制油品处于安全流速范围内。在灌装过程中，应防止油品的飞散喷溅，从底部或上部入罐的注油管末端，应设计成不易使液体飞散的倒 T 形等形状或另加导流板；在上部灌装时，应使液体沿侧壁缓慢下流。

应避免混入其他不相容的第二物相杂质，如水等，并应尽量减少和排除容器底部和管道中的积水。当管道内明显存在不相容的第二物相时，其流速应限制在 1m/s 以内。

宜采用金属管道或部件，当采用非导体材料时，应采取相应措施。

油品通过精细过滤器时，从其出口到储器应留有 30s 的缓和时间。缓和时间不足时，应采用缓和器。

采用静电消除器：当不能以改善工艺条件等方法来减少静电积聚时，应采用液体静电消除器。静电消除器应装设在尽量靠近管道出口处。

采用抗静电添加剂：在油品中可加入微量的油溶性的防静电添加剂，使其电导率达到250pS/m 以上（参见 GB 6950《轻质油品安全静止电导率》和 GB 12158《防止静电事故通用导则》）。

采用缓和器：带电油品在缓和器内静止一段时间可以消除静电，停留的时间一般可按缓和时间的 3 倍来设计。缓和时间的计算见 GB 13348—2009。对于电导率大于 50pS/m 的油品，可以不受缓和时间的限制。

改善带电体周围的环境条件：在油品蒸气和空气的混合物接近爆炸浓度极限范围的场合下，必须加强作业场所通风措施，必要时可配置惰性气体系统。

防止人体带电：爆炸危险场所作业人员应穿防静电服、防静电鞋（参见 GB 12014《防静电服》和 GB 21146《个体防护装备职业鞋》），不应在爆炸危险场所穿脱衣服、帽子或类似物。泵房的门外、油罐的上罐扶梯入口与采样装卸作业区内操作平台的扶梯入口及悬梯口处、装置区采样口处、码头入口处等作业场所应设人体静电消除装置。

（2）预防静电危害的技术措施

油罐：对于油罐，接地点应设两处以上，沿设备外围均匀布置，其间距不应大于 30m。

当油罐内壁采用导静电型防腐蚀涂料时，应采用本征型导静电型防腐蚀涂料或非碳系的浅色添加型导静电型防腐蚀涂料，涂层的表面电阻率应为 $10^8 \sim 10^{11}\Omega$。

轻质油品的进出口管口应接近油罐底部。轻质油品指的是火灾危险性属于甲类、乙类的液体石油产品。

对于电导率低于 50pS/m 的液体石油产品，在注入口未浸没前，初始流速不应大于 1m/s，当注入口浸没 200mm 后，可逐步提高流速，但最大流速不应超过 7m/s。如采用其他有效防静电措施（如防静电添加剂、静电脱除器等），可不受上述限制，但油罐内不应存在任何未接地的浮动物。

装油完毕应静止 10min 后再进行采样、测温、检尺等作业。若油罐容积大于 5000m³ 时，应静止 30min 后作业。

汽车罐车：对于汽车罐车，在装卸油前，必须先检查罐车内部，不应有未接地的浮动物。装油鹤管、管道、罐车必须跨接和接地。采用顶部装油时，装油鹤管应深入到距槽罐的底部 200mm。装油速度宜满足下式的关系：

$$VD \leqslant 0.5 \qquad\qquad (6-1)$$

式中　V——油品流速，m/s；

　　　D——鹤管管径，m。

装油方式应尽量采用底部装油。不应使用无挡板汽车罐车运输轻质油品。装油完毕，宜静置不少于 2min 后，再进行采样、测温、检尺、拆除接地线等。汽车罐车未经清洗不宜换装油品。

油桶：当采用金属管嘴或金属漏斗向金属油桶装油时，各部分应保持良好的电气连接，并可靠接地。不应使用绝缘性容器加注汽油、煤油等。防静电容器加注油品时，装油容器上的任何金属部件都应与装油管线跨接。若使用金属漏斗加注，金属漏斗也必须接地。

管路：管路系统的所有金属件，包括护套的金属包覆层必须接地，管路两端和每隔 200~300m 处，应有一处接地。当平行管路相距 10cm 以内时，每隔 20m 应加连接。当管路与其他管路交叉间距小于 10cm 时，应相连接地。

对金属管路中间的非导体管路段，除需做屏蔽保护外，两端的金属管应分别与接地干线相接。非导体管路段上的金属件应跨接、接地。管道泵及过滤器、缓冲器等应可靠接地。

用管路输送油品，应尽量避免混入空气、水、灰尘等物质。

搅拌、混合和调合：搅拌、混合、调合设备的所有金属零部件均应进行电气连接并接地。如果设备有绝缘内衬，可采用内部电荷泄放措施。不应用压缩空气进行汽油、煤油、轻柴油的调合。重柴油等用压缩空气调合时，必须控制风压不大于 343kPa，并使油品调合温度至少低于该油品闪点 20℃。

吹扫和清洗：采用蒸汽进行吹扫和清洗时，受蒸汽喷击的管线、导电物体都必须与油罐或设备进行接地连接。不应使用压缩空气对汽油、煤油、苯、轻柴油等产品的管线进行清扫。不应使用汽油、苯类等易燃溶剂对设备、器具吹扫和清洗。使用液体喷洗容器时，压力不得大于 980kPa。

取样、计量、测温：取样或测温设备的金属部件应该可靠接地。绳索及检尺等应采用单位长度电阻值为 1×10^5 ~ $1\times10^7\Omega/m$ 或表面电阻和体电阻率分别低于 $1\times10^9\Omega$ 及 $1\times10^8\Omega\cdot m$ 的静电亚导体材料。作业应根据静止时间的要求进行，进行油品采样、计量和测温时，不得猛拉快提，上提速度不得大于 0.5m/s，下落速度不得大于 1m/s。

6.3.2　槽车运输类危化品装卸操作规程

槽车装卸前的准备工作见表 6-12，槽车装卸操作要求见表 6-13，槽车装卸注意事项见表 6-14。

表 6-12　槽车装卸前的准备工作

序　号	准备工作
1	在灌装现场准备好灭火器，要求使用 35kg 推车灭火器或 2 只 4kg 干粉灭火器
2	在槽车灌装管道法兰连接处，用静电专用接地线与大地作连接。如使用机械秤作计量的机械秤也应用静电专用接地线与大地作连接
3	准备好灌装的空桶，要求使用铁桶
4	准备好可能发生泄漏的吸附材料

表 6-13　槽车装卸操作要求

序　号	装卸操作要求
1	易燃液体灌装人员应带好塑胶防腐手套，穿防静电的工作服和工作鞋，必要时应戴好防毒口罩
2	灌装现场危险品安全员必须亲临现场，做好危化品灌装过程中安全措施的落实与监督管理
3	灌装现场作业人员应集中精力，控制好槽车分装管道的流量和分装桶的容积，要求不能装的太满，桶内应留有 5% 的空隙
4	易燃液体分装过程中，应分装一桶就盖好桶盖的方式进行，严禁灌装完毕对满桶不加盖作业
5	对已经灌装完毕的满桶易燃危化品应及时运输到库房内储存，要避免在灌装现场存放大量的桶装料
6	易燃液体槽车分装完毕后，应对现场进行清理。做到现场无易燃液体堆放，地面无泄漏的残液

表 6-14　槽车装卸注意事项

序　号	装卸注意事项
1	槽罐车露天灌装易燃液体时，如气温在 30℃ 以上，时间应在上午 10：00 以前或下午 16：00 以后进行
2	灌装易燃液体必须在避光、通风的场所内进行，灌装现场严禁各类烟火
3	搬运易燃液体灌装空桶和满桶时均应尽量轻拿轻放，避免桶与桶之间的摩擦与碰撞
4	灌装作业过程中，应使用不产生火花的用具。如开桶器应使用铜制作的专用工具

装卸过程中发生泄漏的处理应按如下方法处理：

小量泄漏的处理：作业人员应立即停止作业，戴好防毒口罩和防护手套，切断泄漏源。用活性炭或其他惰性材料吸收，应急处理现场产生的危险固废物应存放于公司指定的危险废物存放间，等到现场全部清理完毕后，方可作业。

大量泄漏的处理：作业人员应立即停止作业，戴好防毒口罩和防护手套，尽可能切断泄漏源，防止流入下水道、排洪沟等限制性空间。仓库保管员应立即向 119 报警，同时向公司上级领导汇报情况，公司领导应立即启动事故应急救援预案，采用合适的方法进行自救。

灌装过程中突然发生火灾：作业人员应立即停止作业，使用备好的干粉灭火器进行扑救。仓库保管员应立即向 119 报警，同时向公司上级领导报告事故情况，公司领导应立即启动事故应急救援预案，采用合适的方法进行自救。

6.4　易燃或可燃液体移动罐的清洗与维修

移动罐是指通过公路或铁路运输大量石油液体的常压贮存容器，包括汽车罐车、铁路罐车和撬装罐，用于海运的罐除外。

移动罐的清洗是易燃或可燃液体运输的一个重要环节，由于有很强的技术性，发生事故的概率很高。

行业标准《钢质原油储罐运行安全规范》(SY 6306—2014)对易燃或可燃液体移动罐的清洗做出了明确规定。

6.4.1 清洗前的通风

在准许员工在罐上或入罐进行热作业前，应对罐予以通风，直到罐内空气满足下述条件：罐内空气中，不宜有微量的易燃蒸气或气体。但在下列条件下，可以进行罐上作业：蒸气或气体源是已知的，且经确定罐内气体绝不会超过易燃下限的10%；由合适的经过标定的测试仪对空气的易燃性进行监测。监测可以是间断性的或连续性的。

在罐未完全清洗干净前，员工可能需要使用呼吸防护设备，这取决于罐内污染物的浓度和预计暴露于污染物中的时间。所需呼吸设备的类型由污染物的特性和浓度决定。

罐内空气最大氧含量不宜超过21%。无呼吸防护设备进入罐内的最小氧含量为19.5%。当氧浓度低于21%时，可能需要使用适当的呼吸防护设备。空气中氧含量少于19.5%时需要使用适当的呼吸防护设备。

对于入罐员工和在罐外接近开孔处(如出口和人孔)的员工可能接触到的有毒物质包括：加铅汽油的铅化物、汽油的苯以及含硫原油、油泥中的硫化氢等。

作业前，应该制定一个有关健康和安全的计划，首先从企业、生产商或相关资料中获得有关安全和健康风险的信息，以及应采取的预防措施，对潜在的危险进行评估。

在无适用、认可的呼吸器时，员工不宜进入罐内，除非罐内污染物水平低于上述的允许的暴露极限水平。

6.4.2 移动罐的排空

清除罐内气体或蒸气之前，宜把罐移到远离引燃源(如机动车、加热器等)的通风良好的区域。该环境内其他地方释放的易燃或有毒气体不能进入到放置罐的工作区。如有可能，宜避免在封闭构造内排空罐，当封闭构造内的罐含有易燃液体必须排空时，必须提供充分的通风，确保在封闭构造内不产生易燃空气。

入罐或热作业前，所有罐的油舱及与其相连接的油管系统中的物质都宜彻底排空或泵入经批准的金属容器或罐内，或泵入具有足够容量的油水分离器内。通过把罐连接到金属容器上来控制排空罐时产生的电荷。非导体(如塑料)容器不宜使用，因它们能积累大量静电荷。产品排放到分离器时，宜尽量减少喷溅。

从罐中排放的产品宜依照法规要求和公司惯例进行回收或恰当地处理。务必确保离罐最近区域及罐下风附近区域的所有引燃源已清除掉。

依据要进行的作业、罐的类型、盛装的产品，可能有必要确保所有辅助设备和管线正确地排空。必要的地方，宜把每根管线与油舱及任何相关设备脱开，关断或拆除测量仪、空气净化器和汇管等设备。为了确保完全排空，还有必要拆除内部的阀和污水箱盖。

宜清除任何残余产品，擦干净或用其他允许方式弄干所有连接件，并依照法规要求和公司惯例进行洗涤、干燥、存放或处理使用过的抹布或拖把。

有些罐在排出管线上装有滤网或过滤器。该情况下盖板、排空塞、滤网篮或过滤器部件宜从管线上拆除，不宜在所有维修工作完全结束前重新安装。

如果罐装有底部装载转接器，可能有必要拆除这些转接器以确保完全排空转接管线和歧管。不宜在所有工作完全结束前重新安装转接器的部件。

在入罐或实施热作业前，宜核实阀或管线内没有易燃或有毒的液体或气体残留。

6.4.3　清除罐内气体

清除罐内气体可通过罐内注水、罐内注射水蒸气或通过自然通风完成。

罐内注水：在罐完全排空未装水之前，应当确定罐在一个水平面上，并且该水平面能足够支撑住装满水的罐的质量。如罐与卡车或拖拉机分离，并允许放置在其起落架或定腿式支撑架上，宜确定起落架能支撑得住装满水的罐的总质量。可能需要附加支撑或垫块。

把罐完全装满水并允许溢出，直到清除掉所有产品的残余。可能需要使用热水和清洗剂去除一些重油残余物。如在罐的外表面或在分装系统部件上实施热作业，在热作业过程中，允许水仍留在罐的油舱内。

罐内注水作业应当注意：仅当水排空后残留在罐油舱或隔板间的水不影响拟进行的热作业时才允许向罐内装水。在温度低于冰点的地方向罐内装水是不可行的。应当按照相关法律法规要求以及公司规程处理从罐中排放或溢出的废水。

罐内注射水蒸气：注射水蒸气对清除石油产品包括那些具有高黏度的油品是有效的。在注射水蒸气前和注射过程中，水蒸气软管喷嘴宜固定在罐壁上，且罐应当接地以防止积累静电。

低压水蒸气宜慢慢向罐内油舱中注入并让其排出直到罐内温度达到最低值77℃。在该温度下，水蒸气将置换罐内的氧气，因此罐内不会形成可燃混合物。

水蒸气注射完结后，宜用水冲洗罐，应该按照要求处理冲洗罐的水。

罐内通风：强制通风或自然通风都可用于清除罐内易燃或有毒蒸气或气体。可通过经常测试罐内空气中的蒸气或气体以及氧气来确定通风的效果。应防止进行这些测试的员工受到火灾或损害危害。

根据法规要求或公司规程，可能需要回收和处理通风时释放的蒸气或气体。如气体或蒸气释放到露天的空气中，宜采取预防措施以消除其附近的引燃源。员工进入有毒气体或蒸气可能存在的区域，根据有毒物质的浓度和暴露的持续时间可能要求配戴适宜的呼吸设备。

6.4.4　清除盛有黏稠物质罐的气体

有些公司通过装入1/4至1/2罐合适的溶剂，并开动卡车搅动罐的内容物一段时间，来清洗含有黏稠物质的罐。这种方式适合溶剂的闪点至少高于周围环境预计最高温度11℃。使用的溶剂包括热水、清洗剂以及柴油和煤油。当含有清洗剂的水排入油水分离器时，可能有必要采取特殊的预防措施。

有的公司采取过向罐内装水，并通过向罐内的加热盘管通入水蒸气加热水来清洗盛过黏稠物质的罐。如果通入水蒸气，宜控制通入的速率以保证罐内任一种产品的温度低于其闪点11℃。宜小心确保圆顶盖充分打开以防罐冷却时坍塌。

水蒸气完全通完后，空气包盖和底部出口阀宜打开，并依据法规要求和公司惯例处理排出液。

如以上程序完成后，仍残留有蒸气，宜使用通风、注射水蒸气和注水等程序对罐进行无气体化。

6.4.5 特殊情况

双层舱壁：一些移动罐具有双层舱壁，舱壁之间可能把液体或蒸气封闭在里面。宜对舱壁之间的空间进行易燃或有毒液体或蒸气的检验和测试。如发现舱壁之间有液体，宜排空、通风或用水冲洗，并在热作业前再次测试。

箱式车架承梁：如半挂车上的车轴和半挂车接轮直接连在罐上，车架承梁上的每个管塞宜拆除。这些部位宜测试易燃或有毒液体或气体是否存在。如这些部位存有测试物质，宜通过其中的一个塞孔通入低压压缩空气通风，并小心防止承梁箱内超压。

保温罐：有些移动罐罐壁外有保温套，保温套内可能把液体封闭在里面。在开始作业前，宜对保温套进行易燃或有毒液体或蒸气的检验和测试，如易燃或有毒液体污染了保温套，在热作业前宜将其拆除。

机动车油箱：机动车油箱实施热作业前，宜用上述所述的程序对油箱进行排空、通风和无气体化。

燃料系统的其他部件如燃料油管、过滤器和燃料泵是潜在的燃料泄露源，也宜排空和无气体化。不宜假定油箱内蒸气空间的蒸气太富或太贫而不会燃烧。无论油箱中是何种类型的燃料都宜采取以上所列的预防措施。

其他封闭空间：宜核查确保没有其他能把液体封闭在里面的空间存在。有些罐沿罐顶有倒 V 或倒 U 形半封闭结构的构件或沟槽，产品装载过程中可能被封闭在其中。与所有排空管、封闭式环形肋板和蒸气回收管一起，这些部件宜进行滞留有液体或气体的核查。

6.4.6 罐的检验

罐排空、无气体化后，宜用适当的可燃气体和有毒气体探测器对罐内空气进行测试，以确保满足安全作业条件。罐的里面宜用一个镜子、一个经批准的照明灯或拉长的电灯来确定是否已清除掉所有产品。

6.4.7 罐的维修

罐内油舱的热作业：在所有罐的排空、无气体化完成前，不宜对罐进行热作业（即在工作区内引入引燃源的作业）的维修，宜使用经批准和校准的便携式可燃气体探测器检查是否完全无气体化。

宜使用热作业许可证来确保和证明已完成所有测试和设备检查。宜确保罐周围区域适合热作业。

有时用外加补丁方法对罐壁的泄漏进行维修。在沿补丁实施任何热作业前，宜检查以确保没有易燃材料被封闭在补丁与罐壁之间。

非罐部位的热作业：在不断测试下只要确保工作区周围空气不在易燃范围内，在不涉及加热罐壁、油舱和管线的情况下，对车辆任一部位的焊接或切割可在不清空罐的情况下进行。

必须采取相应措施以防产品蒸气从罐内油舱逸散出来。这些措施包括检查油舱盖是否保持关闭，所有那些可能向工作区释放产品的连接件是否塞住或排放到安全区域。宜使用经批准的、校准的便携式可燃气体探测器来检查以确保工作区内的空气不在易燃范围内。

无需热作业的维修：在不涉及热作业的维修过程中是否需要首先使罐无气体化，宜经判断确定。如维修是在室内进行或员工需要进入罐内，宜使用以上所述的程序将罐排空和无气体化。

入罐：入罐前，除遵守公司政策外，宜遵循相应的安全操作规程。

6.4.8　个人防护

作业开始前，宜判定由罐内物质引发的健康危险，以确定适宜的个人防护设备，该信息可查阅化学品的安全数据表。如任何产品或有毒物质接触到皮肤，宜立即用肥皂和水清洗皮肤。任何被产品污染的衣物宜脱掉并换上干净衣物。

第7章 危险化学品经营企业精细化管理与风险管控

经营企业安全管理是一个复杂而细致的过程，任何一个细节出现纰漏都可能导致事故的发生，任何疏忽细节、侥幸麻痹的行为都可能付出沉重的代价。精细化是安全管理工作细化、量化的可靠保证，是减少安全事故发生的有力手段。结合精细化管理的理念和思想，构建以经营企业安全责任具体化、安全作业标准化、安全检查规范化、安全教育经常化、安全训练模拟化、安全考核科学化、安全管控信息化和应急管理实战化为支撑的经营企业安全精细化管理体系，将经营企业各项业务工作的内容、流程、操作步骤、风险进行科学的细化与规范，构建"纵向到底、横向到边、无缝覆盖"的安全精细化管理平台，解决经营企业各专业、各岗位"干什么、怎么干、干到什么标准"的问题，形成自我完善和持续发展的机制，达到"实用、好用、管用"的目的，并与岗位职责、规章制度、考评奖惩有机结合，创建量化、细化、严格、正规、和谐的工作环境，才能提高经营企业管理水平，增强经营企业预防事故的能力。

7.1 精细化管理概述

7.1.1 精细化管理的历史

精细化管理的产生和运用，已有一百多年历史了。1895 年美国学者弗雷德里克·泰勒发表的《科学管理原理》是精细化管理诞生的标志，后经历日本丰田生产方式，发展到今天已经成为由思想理念，各种精细化管理技术、手段和模式所构成的庞大的理论体系。

7.1.1.1 泰勒的科学管理

弗雷德里克·泰勒（Frederick Taylor，1856～1915）的时代是劳资冲突非常激烈的时代，为了解决劳资之间的矛盾，管理学家想出了很多方法，泰勒就是这些管理学家中最优秀的一位，他被后人尊为"科学管理之父"。能够获此殊荣，是因为他通过"搬生铁块试验"和"铁锹作业试验"进行"动作研究"和"时间研究"，然后发表了《科学管理原理》。该书核心内容包括以下几个方面：

（1）工作定额原理。泰勒认为，为了发掘工人的潜力，提高劳动生产率，就要制定出有科学依据的工作量定额。为此首先应进行时间和动作研究。

所谓时间研究，就是研究人们在工作期间各种活动的时间构成，包括工作日写实与测时。工作日写实，是对工人在工作日内的工时消耗情况，按照时间顺序，进行实地观察、记录与分析，从而比较准确地知道工人工时利用情况，找出时间浪费的原因，提出改进的技术组织措施。测时，是以工序为对象，按操作步骤进行实地测量并研究工时消耗的方法。借此研究总结优秀工人的操作经验，推广先进的操作方法，研究合理的工作结构，为制定工作定额提供参考。

所谓动作研究，是研究工人干活时动作的合理性，即研究工人在干活时其身体各部位的动作，经过比较、分析之后，去除多余的动作，改善必要的动作，从而减少人的疲劳，提高劳动生产率的试验。

（2）能力与工作相适应原理。泰勒主张，要改变工人挑选工作的传统，坚持以工作挑选工人，每一个岗位都挑选第一流的工人，以确保较高的工作效率。第一流工人包括两个方面：一是该工人的能力最适合做这种工作；二是该工人必须愿意做这种工作。因为人的天赋和才能不同，就要根据他们的具体情况分配到相应的工作上去，而且还要对他们进行培训和教育，使之能够胜任岗位责任的要求。

（3）标准化原理。是指工人在工作时要采用标准的操作方法，而且工人所使用的工具、机器、材料和所在工作现场环境等都应该标准化，以利于提高工作生产率。

（4）差别计件付酬制。为鼓励工人努力工作，泰勒认为，要在科学地制定劳动定额的前提下，采用差别计件工资制来鼓励工人完成或超额完成定额。即对于按照标准操作方法在规定的时间定额内完成工作的工人，按较高的工资率计算工资，否则按较低的工资率计算工资。

（5）计划和执行相分离原理。把计划职能和作业职能分开，明确划分两种职能。计划职能人员负责研究、计划、调查、控制以及对操作者进行指导，逐步发展管理专业队伍。

以上5条就是科学管理的主要内容。科学管理理论的提出，首次使管理从经验上升为科学。

7.1.1.2　丰田生产方式

20世纪初，美国福特汽车公司创立了大规模的汽车生产方式——流水线生产。这种生产方式是以标准化、大批量的生产来降低生产成本、提高生产效率，结果把汽车从少数富有者的奢侈品变成了大众化的交通工具，因而成为当时美国乃至世界上最普遍的汽车生产方式。

由于二战后资源贫乏，经济困难，不可能照搬美国的那种靠规模取胜的粗放式经营，日本根据其自身实际，创造了一种新型生产方式——丰田生产方式。丰田生产方式是一种精益生产，即是一种多品种、小批量混合生产条件下的高质量、低消耗生产方式，是对传统的大规模生产方式的挑战。

丰田生产方式的核心思想是"彻底杜绝浪费"，而贯穿其中的是"准时化"、"自动化"和"持续改进"。归纳起来，丰田汽车公司的精细生产方式具有五个主要特征：对外以用户为"上帝"，对内以"人"为中心，在组织机构上以"精简"为手段，在工作方法上采用"TeamWork"和"并行设计"，在供贷方式上采用"Jrr"方式，在最终目标方面为"零缺陷"。精益生产系统产生于西方发达国家从工业化到信息化的转折时期，是从传统的大规模生产系统到个性化大量生产系统的过渡模式。

7.1.1.3　精细化管理技术、手段、模式

随着丰田生产方式取得极大成功，管理学家对此进行了深入研究，并结合新时期发展的特点，提出了大量基于精益生产的管理技术、手段、模式——全面质量管理、六西格玛、约束理论、6S、全面生产维护、平衡计分卡、卓越绩效管理模式、ISO 9000、流程再造、JIT、无边界管理、供应链管理、客户关系管理、企业资源管理……无论是国外的企业还是国内的企业都围绕着精益管理各展绝学，取得很多新的成果。

企业管理模式的发展如图7-1所示。

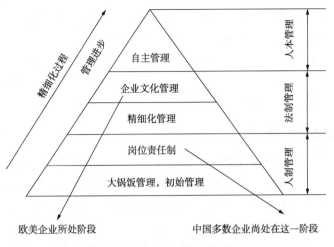

图 7-1　企业管理模式的发展

7.1.2　精细化管理的内涵

什么是精细化？从字面意思解释："精"是完美、高品质，也指切中要点，抓住运营管理中的关键环节；"细"是周密、入微、末梢，也是管理标准的具体量化、考核、督促和高效执行；"化"是变化了的过程，也是形成文化。那么什么是细节？细节是经过横向、纵向细化分析后，不能再分或不必再分的最小的基本工作单元或环节；把精和细运用于管理中，所谓精细，就是反对搞繁琐管理，要求管理人员抓住核心细节，管好重点的、关键的少数细节，密切监控容易出问题的细节，不管一般细节，简化和忽略无关紧要的细节。将精、细、化三者合成一词，是指通过深入细致的工作，追求精品的过程。

精细化管理是一种管理理念和管理方法，是通过规则的系统化和细化，运用程序化、标准化、定量化和信息化的手段，使组织管理各单元精确、高技、协同和持续运行。其核心思想，正如《细节决定成败》所说："以系统作保证，以标准谋细化，以数字达精确，以专业臻卓越，以持续求精进"。精细化管理的内涵如图 7-2 所示。

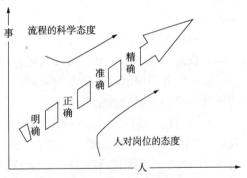

图 7-2　精细化管理的内涵

7.1.3　精细化管理的主要特征

（1）以建立完美的流程为中心，强调不断地改善。流程是将输入转化为输出的一系列资源和活动的集合，盈利组织的许多利润就损失在流程当中。所以，精细化管理非常关注流程的简洁、集约、流畅，优化流程、减少浪费始终是精细化管理的重要工作。

（2）强调数量化、精确性。在精细化管理的背景下，严谨成为了一种习惯性的行为。管理者对成本情况、材料来源和增长趋势等方面的因素都始终保持着充分的了解，以此作为支撑自己判断的依据，并强调各类数据的重要性、准确性，将管理数量化并提高管理的精确性作为企业管理的目标。

（3）关注组织的工作成效。对于企业，主要关注是否能为组织带来价值；对于部队，就是关注战斗力的提升；对于经营企业安全管理，则重点关注经营企业安全能力的提高。

（4）强调领导力的建设。强大的执行力、合适的战略性管理、学习型组织……这些都是现代管理者孜孜以求的目标，实现这些目标的一个基本前提是必须有强大的领导力。精细化管理强调对领导力的建设，也为领导力的建设从制度上、措施上、方法手段上创造了平台。

7.1.4　精细化管理的方法

（1）标准化。标准化是精细化管理的初级阶段，或者说是精细化管理的基础工作。精细化管理要做到细而不乱、细而不杂、细而不繁，就必须借助于标准化，各项工作都按照清晰的标准来进行。标准化有其独特的作用，主要表现在降低成本、确保质量、提高效率、留住智慧、明确责任等方面。

（2）细化。是对细节的不懈追求，即将一个事物不断细化下去，深入到每一个细微环节的过程。从管理的角度来说，它包括管理思维的缜密、管理内容的精细设计、管理过程的精细操作等。细化往往通过横向细化、纵向细化、衔接细化和责任细化这些方法实现。横向细化、纵向细化是从时空的维度区分的，衔接细化和责任细化是从工作的角度区分的。

（3）量化。一切人类活动，大多都可以通过转化为单位数量进行计量，以体现活动的有效程度。量化，是将活动及成果转化为单位数量的过程。量化的数据类型有两种：一种是定量数据，这种数据往往是对客观上可以简单量化的活动或成果的统计，如员工请假天数；另一种是定性数据或叫模糊数据，像测量敬业、忠诚、努力、认真、积极、自私、执行力等，对此的测量往往要统计大量的样本才能采用。对于同一选项有足够多的人回答"是"与"否"，或有足够多的选项产生"是"与"否"的结论，那么就可以通过比较"是"与"否"的数量多少得出结论。

量化是精细化管理的重要特征，精细化管理中的精、准、细、严都离不开量化。因为精与不精，数据是最好的说明；通过量化，达到更精确的细化；没有精确量化的手段，严格管理、有效监控和纠偏就缺乏有力的依据；量化还是标准化管理的重要支撑，许多质量标准、管理标准，都必须通过量化来体现。

（4）协同化。1971年，德国科学家哈肯提出了系统协同思想。他认为，协同是指协调两个或者两个以上的不同资源或者个体，协同一致地完成某一目标的过程或能力。协同化就是通过对系统中各个子系统进行时间、空间和功能结构的重组，产生一种具有"竞争—合作—协调"能力的新的时间、空间、功能结构，产生出比各子系统效能代数和更大(1+1>2)的过程。

（5）专业化。社会分工越细，专业化程度就越高。专业化是做精的有效途径，做专才能做精。世界经济已经进入利润平均化、微利化时代，要取得竞争优势，只有做专、做精。有了专业化，把事情做到极致，才有竞争优势，这也是一种追求精细的精神。

（6）流程化。流程不仅表明了做事情的程序，有了一个科学合理的流程，工作起来就会井井有条、忙而不乱。流程还表明了做事情的方法，方法恰当与否，是判断流程合理性的重要标志，有了好的方法，才能收到事半功倍的效果。流程化贯穿于精细化管理的始终，是支持精细化管理的关键因素。

（7）系统化。精细化不是某一领域的精细化，而是全要素、全方位、全过程的精细化。精细化不仅是一种手段或模式，更是一个理念、一种文化，因此精细化的推行必然是辐射、渗透到所从事对象的所有方面。

7.2　经营企业安全精细化管理

7.2.1　经营企业安全精细化管理的内涵

经营企业安全精细化管理就是将经营企业各项工作进行细化、量化、程序化，分清职责、落实到人，并贯彻到经营企业安全管理工作之中，从而对经营企业生产过程中各种危险有害因素进行有效掌握和控制，形成人人知安全、人人讲安全、人人安全做事、事事有安全监管的工作局面。经营企业安全精细化管理的目标是减少和消除生产过程中人、物、环境中的不安全因素，以减少和杜绝安全事故，进而逐步趋向本质性、恒久性安全目标。

上述定义包含以下几层含义：

（1）安全精细化管理是一种管理理念。它体现的是一种意识，一种认真的态度和理念。经营企业安全大于天，涉及经营企业安全的一切行为都要精准细致，容不得半点马虎和丝毫侥幸。

（2）安全精细化管理是一种科学的管理方法。经营企业安全精细化管理通过细化、制度化、程序化、规范化和系统化等方法或途径得以实现。

（3）安全精细化管理排斥人治，崇尚规则意识。规则包括程序和制度，它要求经营企业管理者实现从监督、控制为主的角色向以指导为主的角色转变。

（4）安全精细化管理涉及经营企业的各单元和各运行环节，是对原有管理的改进、提升和优化。

（5）安全精细化管理最终的解决方案只能通过训练以达到经营企业人员素质提升的方式来实现。

（6）安全精细化管理不是一场运动，而是永续精进的过程，是自上而下的积极引导和自下而上的自觉响应的常态式管理模式，其核心在于实行刚性的制度，规范人的行为，强化责任的落实，以形成优良的安全文化。

老子说："天下大事必作于细"，我国是一个非常注重细节和讲究"细节致胜"的国家。"涓涓细流，汇成大海"、"不积跬步，无以至千里"、"千里之堤，溃于蚁穴"，这些都是先辈对后人关于细节的教诲。经营企业安全精细化管理，针对经营企业的每项具体作业、每个环节实施全过程控制，精心超前设计，优化作业方案，做到安全标准明确，分工清晰，将责任细化到每一步的具体操作中，量化作业人员的每一步操作过程中应承担的责任，将各项安全管理工作前移，使各项作业达到程序化、系统化、规范化和科学化，实现经营企业安全的可控、在控。

当前，经营企业安全管理暴露出的一些问题，许多事故都是由于管理不严、操作人员疏忽或者违章操作引起的。经营企业管理制度不细、执行不严成为困扰经营企业安全管理的突出问题。加强经营企业安全管理，就是要改变过去那种"粗放式管理"方式，体现"以人为本"、"细节决定成败"的管理思想，着力推进经营企业安全管理的精细化、制度化、科学化，既要不折不扣地执行规章制度，又要结合自身特点，创造性地改进管理方法，细化制度，量化管理。根据国家及行业颁布的各种规范、规程和规定，结合经营企业实际，细化管理制度；结合安全教育，细化岗位职责；结合设施设备，细化工作规定；结合工艺流程，细化操作程序；结合经营企业作业，细化安全要求。实现规章制度的精细化、具体化，强化可操作性。完善执行监控机制，严格复核奖惩手段，注重事前防范，消除事故隐患，创造"不想违、不能违、不敢违"的经营企业安全文化氛围。

7.2.2 经营企业安全精细化管理体系

安全精细化管理既是一种管理理念，也是一种管理模式，更是一套科学的管理方法。我们以精细化管理理论为依据，按照系统的观点，结合经营企业特点，构建了以经营企业安全责任具体化、安全作业标准化、安全检查规范化、安全教育经常化、安全训练模拟化、安全考核科学化、安全管控信息化和应急管理实战化为支撑的经营企业安全精细化管理体系。

安全责任具体化就是要将经营企业的各项规章制度细化，以安全责任书的形式明确每一个人、每个岗位、每一级组织所承担的安全责任和义务，从而使每一个人在从事经营企业生产活动过程中正确履行各自的安全职责，保证各项业务活动的正常进行。应建立经营企业主任为安全第一责任人、分管领导具体负责的安全组织机制，负责安全工作的整体规划和具体事务的处理。建立值班主任领导的门岗、安全员、巡查员具体负责，分工协作的安全责任制，坚持"全员、全过程、全方位、全天候"的安全监督管理原则，对经营企业的日常安全工作负责。

安全作业标准化就是在对经营企业作业系统调查分析的基础上，将经营企业的各种作业操作步骤进行分解，以科学技术、规章制度和实践经验为依据，对作业过程进行改善，从而形成一种优化的作业程序和方法。在经营企业作业中，由于人的操作失误而发生的事故比例很大，人的失误主要是由于作业方法和作业习惯两类因素造成的。经营企业主要采取师傅带徒弟、以老带新的方式传授，造成职工作业方法有所不同，作业方法难以得到改进，一些不良的作业习惯不断传承，习惯性违章事故时有发生。经营企业的各种操作规程主要是解决"干什么、不该干什么"的问题，但"怎么干、先干什么、正常情况下怎么做、特殊情况下怎么做"就必须通过具体作业程序来回答。因此，安全作业标准化的目的就是加强经营企业安全管理，使经营企业各项作业标准化、规范化、流程化，简化作业中不必要的环节，提高工作效率和工作准确性，避免事故的发生。

安全检查规范化就是在经营企业现有条件下，通过对以往安全检查经验教训的总结和对影响安全检查成效的诸因素的系统分析，找出最为合理的安全检查程序、最为有效的安全检查方式方法和最佳的安全检查人员时间，并以工作规范的形式描述出来，成为安全检查遵循的基本依据，以期保证实现安全检查的预期效果。经营企业除按规定对各种储输油设备、业务场所等进行例行的、季节性的、季度的、年度的检查外，根据情况，还要组织全库性安全检查或消防、防雷、防静电等专项检查。对于检查出来的问题，要立即报告和整改。

安全教育经常化就是要求经营企业安全教育要常抓不懈。人是安全生产的核心，现场靠人控制，设备靠人操作，管理靠人落实。只有把可靠的经营企业设备与高素质的职工队伍结合起来，才能实现经营企业安全的有序可控。经营企业除了按规定要求，必须定期对企业人员进行遵纪守法、事故案例教育和安全知识、规章制度学习，每半年组织企业人员开展一次安全防事故预想、预查、预防活动，每年四月份为规章制度学习月，尤其应充分利用班前班后会、安全日活动、安全竞赛、事故分析等时机，抓好日常安全教育。对于新入职的干部职工、人员变换岗位、学生实习、危险作业等情况，也要进行教育培训。

安全训练模拟化就是开发经营企业作业人员模拟训练系统，通过计算机模拟经营企业作业流程、各种操作以及各种紧急情况和不同处理方法而产生的结果。通过对经营企业作业人员的模拟训练，提高其分析处理情况的能力和独立工作的能力，以便在最短的时间取得最佳的训练效果，提高作业人员素质，减少由于作业人员操作失误而引发事故的可能性。近年来，由于虚拟现实技术实时的三维空间表现能力，人机交互式操作环境给人带来的身临其境的感受，为人机交互界面开创了新的研究领域，为智能工程的应用提供了界面工具，为各类工程的大规模的数据可视化提供了新的描述方法，且由于其具有风险小、效率高、不受气候条件和场地空间限制、可重复多次使用等诸多优点，虚拟现实技术在经营企业中得到了广泛的应用。

安全考核科学化就是建立科学的安全考核办法和配套的激励机制。安全考核是制度践行、管理落实的必要手段，只有精细严格考核才能保证各项制度、管理的落实。目前，经营企业安全精细化管理还处于起步阶段，存在实施标准不清晰、激励考评机制不健全等问题。为形成安全精细化管理良性推动机制，在经营企业安全精细化管理推广运用和充分实践论证的基础上，经营企业应积极探讨实施安全精细化管理达标考核办法，明确安全精细化管理的实施步骤、标准内容和考核评比办法等。当前，主要应做好以下工作：一是要形成每个工种、每个岗位、每个环节以及相互控制的具体的管理、实施和考核标准；二是在日常考核中从严从细地搞好动态检查，建立健全具有强烈责任心的检查监督考核组织及人员，防止考核走过场、走形式；三要在日常考核中善于深化，从细节中发现问题，达到进一步提升管理水平，实现更深层次的细化；四要把安全精细管理与各工种岗位的工作实际联挂结合，使每项工作、每项活动、每项考核都能处在良好的激励之中，真正体现安全精细管理的实际效果；五是建立规范化的经营企业安全考核题库，实现经营企业安全考核的网络化和规范化。

安全管控信息化是指建立以信息技术应用为主导，信息资源为核心，信息网络为基础，信息人才为依托，法规、政策、标准为保障的经营企业综合安全管控体系。核心是开发运用经营企业安全生产管控信息系统。该系统应具有基础信息管理、日常查库程序管控、各种作业程序管控、设备检修实时监控、风险评估与预警、人员车辆出入库、安全信息统计分析与决策等功能，围绕经营企业管理目标，以安全生产为主线，集成经营企业计划管理、收发作业、设备检修、人员管理、环境监控、政策法规等各类相关信息，为各级管理层提供多角度安全生产综合信息的统计分析，辅助管理者发现问题、跟踪落实、优化管理，实现经营企业安全管控精细化、实时化。

应急管理实战化就是针对经营企业面临的各种灾害事故，探索符合实战要求的、能有效提升灾害事故处置能力的途径、手段和方法。当前，经营企业应根据实际情况，对预计可能发生的重大灾害事故，根据经营企业现有装备和人员编成、制定多种应急情况处置预案，对应急处置内容、处置程序、工作流程、人员职责和处置方法进行细化与规范。经营企业应建立军、警、民应急管理机制，主动与当地公安消防等部门建立联系，与当地大型企事业单位建立联动机制，充分利用一切可能的力量，以便在事故发生后能迅速控制事故发展并尽可能排除事故，保护人员的安全，将事故对人员、财产和环境造成的损失降至最低程度。经营企业要定期开展应急预案演练，定期评估应急管理能力，并通过演练提高人员安全技能素质和应急处置技能。

7.2.3 经营企业安全精细化管理的基本思路

实施经营企业安全精细化管理，应按照"先僵化、后优化、再固化"的思路进行。经营企业安全管理系统建立起来后，首先要僵化，就是对维持经营企业系统有效运行的规则要僵化地、不折不扣地执行。只有经过这一过程，使干部职工有了规则意识、养成习惯之后，才能使经营企业系统保持着一种稳定的运行状态，然后就可以在经营企业内部就存在的问题进行局部的改进，这就是"优化"。经过不断优化，经营企业的组织结构、管理流程、管理方式等就会逐步达到最佳状态，从而实现管理效率的最大化。经过一定时间多次反复的实践证明符合客观实际的东西，就可以用一定的方式将其固定下来，这就是"固化"。如果系统没有调整，这些固化的程序、方法等就可以不断重复使用。

7.2.4 经营企业安全精细化管理的组织实施

经营企业安全精细化管理既是一种理念，也是一种方法，突破的关键是解决人的问题。因此，为了有效推进经营企业安全精细化管理的实施，必须解决精细化管理意识培养和精细化管理实践操作两个问题。

（1）精细化管理意识的培养

安全精细化首先是一种理念、一种认真的态度、一种精益求精的文化，因此，安全精细化管理要与企业文化建设紧密结合起来，努力营造追求精细的文化氛围，培养员工精细管理的思维习惯。经营企业各部门要充分利用会议、讲座、报刊、办公自动化系统等各种载体，采取"走出去"、"请进来"等方式，向全体人员大力宣传实施安全精细化管理的必要性和重要意义，让大家真正理解掌握安全精细化管理的内涵、宗旨、核心和灵魂；宣传在安全精细化管理工作中涌现出的先进典型，宣传在安全精细化管理工作中探索出的好做法、好经验，为实施安全精细化管理营造浓厚的舆论氛围；倡导干部职工学习有关精细化管理的书籍，动员全体员工积极行动起来，从现在开始、从现状开始、从自己开始，大胆探索切合本单位、本部门、本岗位实际的安全精细化管理方式、方法，让精细化管理成为每位干部职工的自觉行动。

（2）精细化管理的实践操作

实施经营企业安全精细化管理，可分四个步骤进行：

第一步，分析诊断。经营企业各部门、每位职工结合各自实际，客观分析工作现状，进行自我诊断，认真查找存在的各种问题。按照"哪里不合理，就从哪里入手"的原则，找准切入点，是系统问题就从优化入手，是环节问题就从理顺环节入手，是制度问题就从完善制度入手，是操作技能问题就从提高操作技能入手，是责任问题就从明晰责任入手，是组织问题就从调整结构入手，相应制定出针对性强、操作性强的改进措施。

第二步，实施整改。针对查找出的问题，立即实施整改，逐步扩展延伸，实现由点到面、由线到面，优化整个流程；在此基础上，合理划分工作职能，清晰界定工作权限，杜绝职能的交叉、重叠；在合理划分工作职能的基础上，优化组织结构，能合并的合并，能撤除的撤除，减少管理层次，提高管理效能；根据不同岗位要求，分别制定出具体的工作标准，规范操作标准，落实到每个人、每个工种、每个岗位、每道工序、每项作业、每个动作，并建立科学合理、切实可行的评价体系与考核机制。

第三步，整合提炼。整改完成以后，要"回头看"，认真评估实施效果，客观评价成败得失，对行之有效的做法和经验用制度的形式固定下来，进行全力推广；对执行过程中出现的各种问题应及时反馈、及时分析、及时纠偏，实现经营企业安全管理水平的有效提升。在此基础上，整合提炼，最终形成一套完整的经营企业安全精细化管理制度。

第四步，持续改进。针对改进后执行过程中出现的新问题，进一步实施再分析、再完善、再总结、再提高，做到循环递进，螺旋上升，最终形成持续改进、不断创新的工作机制。

7.3 风险管控的现状及存在的问题

（1）开展风险识别不规范，系统性不强，分析内容不全面、偏差大，分析人员主观性大，连续性不强，没有对所建立风险台账进行分类系统梳理；

（2）岗位员工业务知识、技能欠缺，作业前风险辨识不到位，学习主动性差，劳保穿戴不齐，现场脏乱差，标准施工执行力不够；

（3）承包商挂靠现象严重，作业人员自我防护意识差，蛮干，经验主义严重，违章现象突出；

（4）承包商现场负责人、安全员大多数不到现场，没有识别危害，安全措施落空；

（5）承包商人员流失过快，有顶岗、替岗现象，对现场存在的隐患不能及时发现或整改；

（6）安全环保责任体系建立简单化，没有落实到位、没有具体到岗位，安全环保工作具体干什么、如何干、如何监督检查没有统一的要求和标准。没有考虑到相关业务不同管理层级间的协调衔接；

（7）风险管控认识有偏差，企业在预防事故发生方面做了大量的工作，事故发生的概率大大降低，但一旦事故发生，很可能是重大事故，产生严重的后果，这说明在"损失控制"方面存在短板；

（8）风险管控重点不突出，没有充分吸取事故经验教训。按照"20/80"法则，20%的风险影响因素可能贡献了80%的风险总量，每次事故的直接原因各不相同，往往显示企业没有吸取事故教训，没有针对典型分析采取管控措施，没有从根本上举一反三，没有将事故的经验教训和防控措施形成企业的规范化管理文件加以贯彻和执行。

7.4 风险管理与控制

7.4.1 风险管理与控制的基本思路与措施

风险管理是现代安全管理的核心工作。通过对生产过程中的危害进行辨识，在进行风险评估，制定并优化组合各种风险管控措施，对风险实施有效的控制，降低和消除风险可能造成的后果。其重要性表现在事前控制和过程管理，其实质是以最经济合理的方式消除和降低风险导致的各种灾害后果，主线是风险控制过程，而基础是危害辨识、风险评估和风险控制的策划。基本思路是：基于风险，以人为本，规范行为，注重安全生产过程分析，强化安全风险评估，实施安全风险动态管理，坚持纠正和预防。如下：

列出该项目所有潜在问题→依次估计这些潜在问题发生的可能性，可取 0~5→依次再估计问题发生后对整个项目的影响，可取 0~5→得出风险矩阵图便于分析→找出预防性措施→建立应急计划。

风险控制是风险管理的重点，通过风险消除、替代、降低、隔离、回避、转移、分散、程序控制、减少接触时间、个人防护等措施，可确保风险受控。针对确定的重点防控风险，本着"可操作性强、切实能降低风险"的原则，制定并落实安全环保风险控制措施，落实分层防控责任，明确责任部门和责任人，针对不同区域、不同生产特点、不同业务类型的安全环保风险采取必要的监控措施，实施有效的动态监控。制定防控措施后，还应确定以下问题：

（1）是否全面有效地制定了所有的控制措施；

（2）对实施该项工作的人员还需要提出什么要求；

（3）风险是否能得到有效控制。

通过持续完善规章制度、操作规程和应急处置程序，制定和修订岗位培训矩阵，将安全环保风险防控工作融入到各管理流程和操作活动中，推广应用作业许可、上锁挂牌、安全目视化、工艺和设备变更管理等生产安全防控管理工具。重点对事故隐患进行治理，制定事故隐患治理方案，落实整改措施、责任、资金、实现和应急预案，对隐患治理效果进行评估。企业在风险失控且发生突发事件时，应按照应急预案进行现场应急处置，实施应急救援。

7.4.2　风险管理与控制的具体做法

（1）分层级防控，健全风险防控体系

根据管理层级，比如：处级单位、科级单位、队级组织、班组级、岗位级，设置"纵向到岗位，横向到部门"的五级风险防控，各级单位将识别出的风险防控的责任，分配到职能部门，明确风险防控的直线责任部门。各自层级确定本层级范围内主要防控风险及防控措施，指导所属层级开展风险识别和防控工作；梳理本层级内部、层级间职能接口，理顺管理流程；组织协调本层级应急管理工作，为风险防控提供人员、资金、设施、培训和技术支持等必要的资源投入。

（2）以夯实安全管理基础为出发点，狠抓安全职责的层级落实

进一步明确各级人员安全职责，健全完善安全联系点领导承包制，形成班子成员全面抓安全的工作制度。

（3）以监管分离管理模式为依托，有效推进安全管理长效机制构建

坚持管理与监督并重，成立安全督查大队，独立于管理部门，主要负责直接作业环节的安全监督检查、隐患排查与治理、危险源辨识与评估等事项，进行全方位、全过程的监督检查，做到三覆盖："检查问题全覆盖、检查班组全覆盖、复查验收全覆盖"和三定："定责任人、定限期整改时间、定整改措施"。

（4）创新风险管控模式，提高安全管理水平

突破传统的围绕事故消减进行的通用安全管理模式，建立以"岗位"为核心的标准化的风险管控新模式，见图7-3。

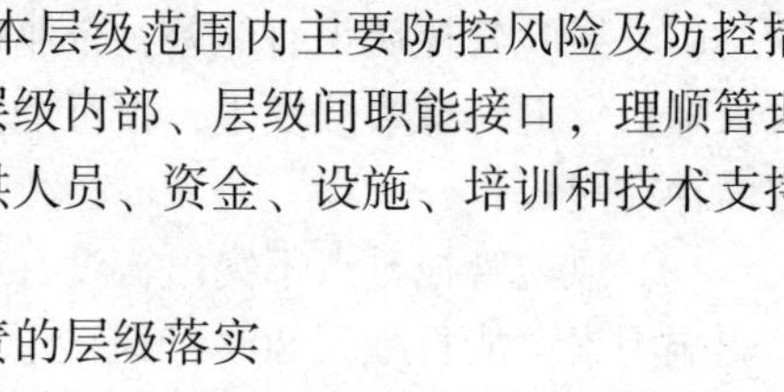

针对生产经营过程中的主要风险，建立以岗位安全环保责任制为先导，QHSE管理体系和安全生产标准化为基础，以风险管理控制为手段，以事故应急为防线的风险管控新模式。岗位安全环保责任制明确"做什么"，QHSE管理体系和安全生产标准化主要解决"怎么做"，风险防控是应遵循"预防为主"的基本原则，事故应急则是"最后一道防线"。

图7-3　标准化的风险管控新模式

（5）扎实开展安全形势分析会，做到问题和亮点共同分享

剖析问题根源，深层次探讨问题缘由，制定"可预见性、主动性、可操作性"的安全防范措施，做到问题和亮点共同分享，强化全员抓安全的大安全氛围。

深入运用需求培训矩阵，以行为培训引导安全素质提高。建立培训矩阵，完善培训课程体系，倡导按需培训，注重安全实训，达到人员安全素质梯形管理，员工安全意识、操作水平层级逐步提升。

（6）狠抓隐患治理，确保有隐患、有消减、有措施

按照"预算支持、过程监督、全员参与、分级治理"的原则，对各类问题隐患进行及时整改。

（7）强抓制度执行力

完善奖惩机制，树立安全管理的严肃性，提升全员安全管理参与性。强化安全环保问责，对各类问题开展倒查，推动谁安排谁负责的原则，一查到底。

7.4.3 实例：油品装车作业危害分析及风险控制

（1）危害分析

① 人的因素：员工过度疲劳、带病上岗、意识不强、能力不足、违章操作、违章指挥，作业人员未穿戴劳保用品，作业人员未将槽车接地，未消除人体静电等。

② 物的因素：油气集聚，作业时会有一定量的油气从槽车的罐口挥发溢出，有可能在装车栈桥周围弥漫，低洼处集聚。点火源多，槽车进出排气管外壳（温度在300℃以上），点火系统的配电器、火花塞，照明系统。装车过程中机械设备摩擦产生火花。设备设施缺陷，槽车顶部无防护栏，属高处作业，鹤管长度不够，无法深入底部，飞溅油品产生静电，装油泵选型不合理，流量过大，警示标识缺失。

③ 环境因素：夜晚作业光照不良，雨雪冰冻天气，作业区域湿滑。

④ 管理因素：设备设施管理缺陷，操作规程不规范，无可操作性，事故预案及响应无针对性，培训不足，携带收集火种进入等。

（2）风险控制措施

① 按照属地管理、直线责任原则，落实安全生产责任制；建立健全激励机制；倡导预防式管理，逐步从严格管理向自主管理转变。

② 完善培训机制，强化岗位安全技能，建立员工能力清单并定期评估，建立需求型培训矩阵。

③ 油气集聚对装车作业危害较大，防止油气集聚措施包括：保持装车现场的通风状态，必要时强制通风；安装固定式可燃气体检测报警器，实时监测作业区域油气浓度。

④ 消除点火源。汽车排气管安装阻火器；拔下车钥匙；使用防爆工具、设备；防爆电器专人定期维护保养和检测；严禁在油罐口开关手电；防止静电（接地、增湿、静电导除器、控制流速、改变装油方式）；鹤管出口应延伸至距罐底200mm以下；驾驶员应站在罐口的上风向，不得在槽车顶部来回走动；静置不少于2min，再拆除静电接地线；装车区域内设置人体静电释放器。

⑤ 开展安全检查，消除安全隐患。查事故隐患，查制度落实，查现场操作合规性；制定严格的检查标准；加大投入，消除隐患，达到本质安全水平；严格查处"三违"行为。

第8章 安全文化与应急文化建设

8.1 安全文化、应急文化的概念及相互关系

安全是从人身心需要的角度提出的，是针对人以及与人的身心直接或间接的相关事物而言。然而，安全不能被人直接感知，能被人直接感知的是危险、风险、事故、灾害、损失、伤害等。文化是人类精神财富和物资财富的总称，安全文化和其他文化一样，是人类文明的产物。

安全文化的概念最先由国际核安全咨询组(INSAG)于1986年针对切尔诺贝利事故，在INSAG-1(后更新为INSAG-7)报告提到"苏联核安全体制存在重大的安全文化的问题"。1991年出版的(INSAG-4)报告即给出了安全文化的定义：安全文化是存在于单位和个人中的种种素质和态度的总和。

安全文化就是安全理念、安全意识以及在其指导下的各项行为的总称，主要包括安全观念、行为安全、系统安全、工艺安全等。安全文化主要适用于高技术含量、高风险操作型企业，在能源、电力、化工等行业内重要性尤为突出。所有的事故都是可以防止的，所有安全操作隐患是可以控制的。安全文化的核心是以人为本，这就需要将安全责任落实到企业全员的具体工作中，通过培育员工共同认可的安全价值观和安全行为规范，在企业内部营造自我约束、自主管理和团队管理的安全文化氛围，最终实现持续改善安全业绩，建立安全生产长效机制的目标。

安全文化是在人类生存、繁衍和发展的历程中，在其从事生产、生活乃至实践的一切领域内，为保障人类身心安全(含健康)并使其能安全、舒适、高效地从事一切活动，预防、避免、控制和消除意外事故和灾害(自然的、人为的)；为建立起安全、可靠、和谐、协调的环境和匹配运行的安全体系；为使人类变得更加安全、康乐、长寿，使世界变得友爱、和平、繁荣而创造的安全物质财富和精神财富的总和。

企业安全文化(enterprise safety culture)是被企业组织的员工群体所共享的安全价值观、态度、道德和行为规范组成的统一体，是为企业在生产、生活、生存活动提供安全生产的保证。

20世纪初期，随着工业革命的兴起，工业机械开始大规模的推广、应用，早期的机械在设计中并不考虑操作的安全问题，所以伴随而来的是更多的工业安全事故，在这种情况下产生了事故频发倾向论，所谓事故频发倾向是指个别人容易发生事故的、稳定的、个人的内在倾向，根据这种理论，预防事故就是要找出这样的事故频发倾向者并开除就可。其后，安全工程师海因里希(W. H. Heinrich)调查了大量的工业事故，统计得出，工业事故发生的直接原因98%可以归纳为人的不安全行为(88%)和物的不安全状态(10%)，并提出事故因果连锁论。之后，更加复杂的设备、工艺和产品的诞生，在研制、使用和维护这些复杂系统的过程中，萌发了系统安全的基本思想；同一时期，本质安全的理念出现在工业安全领域。前苏联的切尔诺贝利核电站事故震惊全世界，纵然采取"纵深防护"防护策略、系统本质安全

程度非常高的核电站仍然会发生事故，对此国际核安全小组（NASG）提出了以安全文化为基础的安全管理原则，随后安全文化理念的发展不再局限于核安全领域。发生事故必须应急救援，而且必须科学、有序地应急救援，于是产生了应急文化。

应急文化是一定区域内突发事件与应急管理的相互作用在意识形态和行为规律方面的综合反映，主导着政府、社会组织、企业和公众的思维观念与行为方式。

应急文化属"软"实力，但具有"硬"功能，良好的应急文化有助于提高政府和社会应对突发事件的能力。例如，2008年汶川地震中，四川绵阳安县桑枣中学2300余名师生，在1分36秒内全部安全撤离，缘于校长叶志平秉承安全观念，多年执着地加固改造教学楼，定期组织紧急疏散演练，提高了师生的危机意识和逃生能力。2010年玉树地震中，玉树县第一民族中学在前震到来后即刻将师生撤至操场，教学楼化为废墟，近900名师生无一伤亡，这得益于副校长严力多德的安全意识和学校的应急教育，再一次显示了应急文化的强大力量。

危险化学品安全领域，在发展安全文化过程中，意识到预防危险化学品事故必须加强企业的安全文化建设。而应对发生的工业事故，开展应急响应活动，减少事故损失，必须强化企业的应急文化建设。在应急管理体系中，预防、预备、预测、预警、响应和恢复是一个统一的整体，具有平战结合的特点。企业必须预防事故在先，采取各种手段和措施防患于未然；应急响应在后，发生事故不能任其发展，必须启动应急预案，开展应急救援，将损失减至最小。安全文化建设是预防事故必须强化的工作，而应急文化是应对事故发生需要强化的工作，日常的应急管理亦具有预防事故的职能。所以，应急文化是安全文化的完善和发展，安全文化和应急文化又作为企业文化的重要组成部分。

8.2　安全文化、应急文化的层次化解析

8.2.1　安全文化层次

8.2.1.1　核心层——培育企业安全理念体系

安全理念体系是企业安全文化的核心，能够引导员工的安全思想和行为，明确企业安全发展的方向和前景，从而使得企业得以健康、持续、安全发展。培育企业安全理念体系，是企业安全文化建设最为首要的任务。见图8-1。

（1）安全核心理念

危险化学品企业把"以人为本，安全发展"作为企业安全核心理念。

以人为本——在生产经营活动中，始终坚持时刻关注安全，珍惜生命，不断改善劳动环境和条件，不断增强劳动技能和事故防范能力，在切实保障员工生命安全和身体健康的基础上，努力实现安全生产与经济发展相适应的目标。

安全发展——坚持贯彻落实科学发展观，牢固树立安全发展的理念，将安全作为生产经营的出发点和

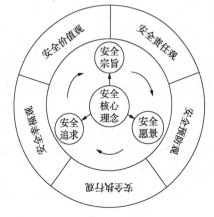

图8-1　安全文化层次图

落脚点，使安全真正作为发展的前提和基础。

（2）安全愿景

危险化学品企业以"创造世界一流 HSE 业绩"作为企业安全愿景。安全工作必须要高标准、严要求，坚持对标国际一流企业，查找不足和差距，找准安全工作的努力方向和切入点，学习借鉴先进的管理理念和方法，努力创造世界一流 HSE 业绩，为建设世界一流能源化工企业保驾护航。

（3）安全宗旨

危险化学品企业以"安全生产永无止境"作为企业的安全宗旨。以"以人为本、安全发展"为统领，坚持持之以恒的决心、常抓不懈的努力、脚踏实地的作风，不断细化安全管理，强化安全培训，增强员工意识，提高业务技能，完善安全管理措施，有效地预防和控制一切不安全因素的发生。

（4）安全追求

危险化学品企业以"为生命安全和家庭幸福而工作"作为企业安全追求。始终坚持安全工作要为了人、尊重人、理解人，把"以人为本"、"关爱员工"贯穿到生产经营的每个环节里，使广大员工充分感受到安全无时不在身边，增强爱岗敬业的情感和意识，提高自觉做好安全工作的积极性和主动性，做到一个人安全工作，一家人都放心，使幸福成为企业安全文化的最宝贵内核。

8.2.1.2 外层

培育正确的安全观念

（1）安全价值观

危险化学品企业以"安全高于一切，生命最为宝贵"作为企业的安全价值观。

安全高于一切——始终将 HSE 工作放在首位，自觉做到"四个让位于"的 HSE 工作要求，即在实际工作过程中，当利润、产量、进度、成本等与 HSE 工作发生矛盾时，都要让位于 HSE 工作。

生命最为宝贵——始终坚持"以人为本"的原则，把"为了人"作为安全生产的根本目的，把员工的生命安全和身心健康作为安全生产的出发点、落脚点。其中，员工不仅包括企业的在册员工，也包括企业雇佣的各类临时用工，也包括为危险化学品企业服务的各类承包商员工。

（2）安全责任观

危险化学品企业以"共担安全责任，共保安全发展"作为企业的安全责任观。始终坚持"谁主管、谁负责"和"一岗双责"的原则，全面落实"全员、全过程、全方位、全天候"的安全监督管理模式，努力创造世界一流的 HSE 业绩，为实现世界一流能源化工企业提供有力保障。

（3）安全预防观

危险化学品企业以"风险可以控制，违章可以杜绝，隐患可以消除，事故可以避免"作为企业的安全预防观。

风险可以控制——风险无时无处不在，要正确辨识、认真分析、科学应对，让风险时刻处于可控、在控的状态。

违章可以杜绝——违章源于麻痹侥幸，要严格程序，标准作业，正确指挥，杜绝违章。

隐患可以消除——隐患是可以识别和消除的，开展 HSE 观察，落实"七想七不干"工作要求，全面识别不安全因素，消除隐患。

事故可以避免——事故来自隐患积累，要全面推行 OSHA 事故统计，发现管理漏洞和薄弱环节，采取措施，避免事故。

8.2.1.3　安全执行观

危险化学品企业以"领导率先垂范，全员遵章执行"作为安全执行观。

领导率先垂范——始终坚持领导以身作则，身体力行践行安全。全面推行领导"两特"带班制度、领导下基层安全督查制度和关键装置、要害部位领导安全承包制度，各级领导深入现场，协调解决安全问题。

全员遵章执行——按照"以人为本"和 HSE 管理的要求，从关爱员工生命安全出发，制定《安全生产禁令》和《员工守则》，开展"我要安全"主题活动，持续提升员工安全意识，让遵章守纪成为员工的自觉追求。

8.2.1.4　安全幸福观

危险化学品企业以"安全健康是最大的幸福"作为全体员工的安全幸福观。始终坚持以员工职业安全健康作为幸福之本，坚持将安全、健康放到生产经营工作的首位，不断增强员工的安全、健康意识，使得职工职业安全健康成为幸福的基础和前提。

在遵循危险化学品企业核心安全理念统一性的基础上，各单位可结合实际培育具有自身特点的安全文化理念，更好地发挥企业安全文化的导向、凝聚、激励和约束作用。

8.2.2　应急文化层次

应急文化是一个复杂的社会巨系统，要素种类繁多、功能各异，具有关联复杂的层次结构关系和作用机制。应急文化结构是指系统要素的存在方式与关联关系。沙因文化理论将文化结构划分为符号层、外显价值观层和潜在假设层，明晰了文化要素间的互动关系及制约机制，对层次化解析应急文化极具指导意义。借鉴该理论，可建立如图 8-2 所示的应急文化结构。

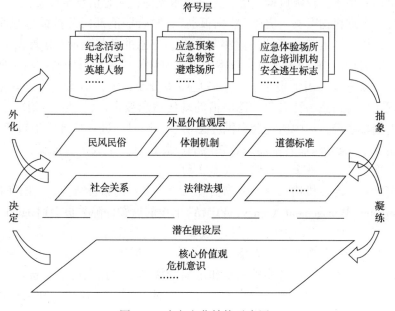

图 8-2　应急文化结构示意图

符号层，指与应急相关的活动及物质与精神产品的总和，具有结构性和功能性，直接引导和支撑着应急主体的行为活动；外显价值观层，指程序化、标准化的行为秩序和应急模式，内容对内部成员是共知的、可视的，具有体系性，规范和约束着政府、社会组织和公众的应急行为范式；潜在假设层，指国民的应急核心价值观及危机意识，具有含蓄而强烈的主观意愿，决定着个人和组织的应急行为动机。

符号层是外显价值观层的外化；外显价值观层是符号层与潜在假设层交互作用的载体，既是符号层抽象出来的制度和规范，又凝练为潜在假设层的机制；潜在假设层是应急文化的中枢，通过思想意识决定着应急行为，是符号层和外显价值观层形成和发挥作用的重要基础。结构合理的应急文化，能够有效地强化人本意识和忧患意识，促使社会自觉养成预防性思维，助力国家应急能力建设。

8.2.2.1 符号层

应急预案体系精细化可操作，培训标准化重实践，信息全面协同，物资储备社会化，符号标志丰富易懂。

（1）预案体系：定位国家战略，内容衔接联动，组织权责清晰，可操作性较强。美日德三国将预案定位为国家战略的执行措施，注重功能发挥，并根据形势变化即时修订，体现出较强的适应性。美国立法先行，把预案定位为应急管理体系的组成部分，是识别风险、制定、检验、执行并动态修订的工作过程，而非形式本身。为保证有效性，预案由基础预案和附件构成，且有专门指南文件指导编制和维护工作。同时，基于应急管理全过程，注重预案的层次性及其外部支持体系的建设，规定预案纵向与横向的衔接，以增强操作性。例如，《国家响应框架》（Nanonal Response Framework，NRF）是预案之上的制度性设定，确定国家战略目标，指导应急管理及预案体系建设，联邦和地方的行动预案是识别、评估本地风险后制定的执行方案。日本以预案为指导，明晰政府、职能部门、企业、社会团体及公民的防灾职责和任务，确立应急响应机制。德国实行严格的预案管理制度，所有应急行动必须严格按照预案执行，但过度依赖规则一定程度上降低了应急管理体系的柔性。

（2）应急信息系统：权威机构负责，先进技术支撑，应急信息全面协同。美日德三国由国家层级的应急管理机构牵头，突破"数据孤岛"，整合职能部门分散的信息系统为统一的国家危机信息系统，涵盖突发事件的监测与预警、应急准备与响应（协调决策、指挥调度、处置支持）、事后恢复与重建等环节。日本中央政府设有内阁信息中心，负责防灾通讯网络建设，并允许公众进入民用情报系统，了解危险源分布、灾害信息、应急政策、应急知识等，基本实现了应急信息的社会化。德国借助现代信息技术，将"危机预防信息系统Ⅰ"建成平战结合的指挥系统，集中向社会提供应急信息。同时，进一步开发出授权使用的"危机预防信息系统Ⅱ"，整合精简各部门、各领域的应急信息，生成多功能交互式态势图，以便被授权主体获取最新的突发事件态势并快速联动。

（3）物资储备：专设机构管辖，依靠信息系统，多元化储备结构。美国联邦应急管理署（Federal Emergency Management Agency，FEMA）下设的后勤保障委员会（Logistics Management Directorate，LMD），作为专门责任机构和总协调人，整合政府与社会的应急资源，储备与调配应急物资，提高应急物资的管理效率。同时，FEMA依托多个信息系统支持应急物资和服务的获取与运输。日本建立应急物资储备和定期轮换制度，预先设置储备点，建设储备库，并支持应急产业发展，研发了丰富的应急产品。通过"灾前合同制"，利用现代商业物流体系，实现政府储备与企业储备、实物储备与生产能力储备的有机结合。此外，日本公众高度重视应急物资储备，家庭常备若干装有食品、饮用水、药品、绳索、口哨等的"防灾袋"，并定期检查更换。多元化的物资储备结构大幅提高了应急物资管理的效率和有效性。

（4）应急教育培训：有序化组织，专业化培训，实战化演练，社会化参与。美日德三国明确目标、对象、内容和方式，有序组织应急教育培训，基本实现教育培训体系的全覆盖。德国从中央到地方专设应急培训机构，按照"问题—计划—实施—检查—反馈"的模式，开展问题导向、分层次的专业技能培训；日本政府在中央、都道府县、市町村3级灾害应对计划中，都明确了常态化应急教育培训的要求。德国标准化开发横跨应急管理全过程的模块化培训课程，并根据对象的角色、职能、素质等制定培训计划，提高应急培训的针对性和有效性。

除情景模拟、桌面推演等实战特征明显的培训，德国还增设了联邦政府主导的跨州、跨地区应急指挥的演练课程，极大地提高了国家的大规模突发事件响应能力。日本自小学即开设形式灵活的应急课程，从小培养国民的应急意识及能力。依托志愿者组织，在不同人群中开展自学和帮教。借助有效的防灾通信网络体系，及时传播权威、专业的应急信息。建设大量社区应急避难场所，设置丰富易懂的逃生救援标志，在防灾日举国开展防灾演习，基本形成全民宣教、社会参与的应急文化氛围。

8.2.2.2 外显价值观层

建立高效的组织形式与机制，依靠完善的法制保障，塑造政府、社会组织与公众协同合作的应急处置模式。

（1）应急法制保障：法律体系系统完备，权责明确，标准化应急管理流程。日本颁布《灾害对策基本法》作为基本法，配套基于灾害周期的各类专门法，形成协调配合、权责明确、操作性强的应急法律体系。基本法详细规定了中央、都道府县、市町村、公共团体、企业和公民的权利义务及协作关系，标准化应急管理流程。例如，福岛核事故中，日本首相依法宣布进入国家紧急状态，成立中央政府对策本部，核电站的建造与运营企业依据《核灾害特别措施法》，承担通报信息、防止核灾害发生的法律责任，但应急响应过程中也暴露出日本的核信息公开、应急国际合作等法律规定的缺失。信息公开是社会有效参与的重要保障，美国专门颁布《信息自由法》，明确规定政府信息以公开为原则，以不公开为例外，保障公民获取应急信息的权利。

（2）社会参与机制协同治理，多样化组织形式，全过程社会参与。社会组织反应迅速、灵活性高，能有效满足个人和家庭的心理与精神健康服务等特殊需求，拓宽了社会参与应急的渠道。美日德通过制度建设引导"减灾社区"、"市民军团"、红十字会、志愿者组织等社会组织全过程参与，弥补政府服务功能的不足，有效提高了国家应急能力。美国"卡特里娜"飓风暴露出联邦政府对州政府指挥、控制及协调能力的不足，但显示了政府与社会组织间良好的协同合作关系。日本通过政府、企业、专业机构、公众"四位一体"的应急合作机制，建立了跨区域应急救援协同体系，联合应急深入基层（所有的都道府县签订了72h相互支援协议，90%以上的市町村签订了相互支援协议）。日本各町和社区都成立了"居民防灾议会"志愿组织。并列入政府《防灾规划》，借助政府资助和学术机构支持，开展日常应急管理。

8.2.2.3 潜在假设层

以社会核心、价值观为引领，继承和弘扬历史文化传统，培育社会危机意识和预防性思维。

（1）政府主导，核心价值观引领，汲取传统文化思想，培养全社会的应急意识。例如，有的国家受具有自我道德约束和爱心培养作用的宗教文化的感召，政府及社会推崇个人主义、物质利益及自由竞争，追求合作与自律、平等与正义、爱心与帮助、责任与使命，加之良好的社会结构和周密的契约关系，其法治大厦稳固矗立；有的国家由于自然资源匮乏且灾害多发，政府以"自救、共救、公救"为核心，培育全民的危机意识，公众养成坚韧、冷峻的性格，形成了天人合一、敬畏自然、长期导向的应急价值观和预防性危机意识；有的国家受宗教改革和普鲁士精神的影响，政府历来重视培育国民的应急意识和自救技能，一贯应用先进技术精细化利用有限资源，国民尊重计划、重视质量、强调纪律性与自觉性，形成了应急法律及预案体系实施的意识基础。

（2）培养现代公民伦理价值观、公共安全意识、危机意识及系统理念，积淀应急文化的潜在假设。现代公民伦理价值观以义务为基本特征，提倡"以人为本"的生命伦理观、主体精神、契约精神、权利与义务平等。公共安全意识促使公众主观认可和客观遵守应急法律、道德、公共秩序等行为规范，表现出"主人翁"精神，推动社会组织的形成和发展，实现国家、社会组织与公众协同预防和应对突发事件。在危机意识及系统理念主导下，应急管理工作重心前移，强调应急准备，注重全过程应急管理。

8.3　安全文化、应急文化的建设重点

8.3.1　加强安全管理文化建设

管理文化是安全文化的制度层，是企业安全理念物化的结果，是企业安全生产运作保障机制的重要组成部分。

（1）促进安全理念与管理制度的融合

坚持以安全理念规范危险化学品企业的安全管理工作，加强无形的安全理念与有形的管理制度的融合。遵循危险化学品企业核心安全价值理念，对安全规章制度，进行全面梳理、修订和完善，将安全价值理念渗透融入管理制度中，激发员工"自律"意识，提升管理制度执行率和有效率。

（2）保持安全信息沟通机制畅通

建立安全信息沟通交流渠道，优化安全信息传播内容，严格遵守安全信息沟通程序，形成完善的安全信息沟通机制，确保各项安全工作得到落实。

（3）实施有效的安全培训和评估

建立岗位适任资格评估和培训系统，优化教育培训方式，及时更新培训内容，严格培训效果评价，形成有效的安全培训和评估模式，确保员工具备岗位适任的安全意识和能力。

（4）实现员工安全事务充分参与

制定员工安全事务参与激励制度，明确安全事务参与方式，并给予及时反馈，形成员工安全事务参与机制，确保员工安全事务的充分参与。

8.3.2　推行安全行为文化建设

安全行为文化又称为企业安全文化的行为层，其既是企业安全理念文化的反映，同时又作用和改变企业的安全理念文化。

（1）夯实企业安全行为文化建设的思想基础

继续深化开展"我要安全"主题活动，注重安全氛围的营造和安全行为的舆论引导，夯实安全行为的思想基础，将"要我安全"到"我要安全"的转变成为员工的自觉行为。

（2）实施行为安全方法，培养全员安全行为习惯

通过推行工作危害分析、能量隔离、作业许可、HSE 观察、OSHA 指标等工具，严格执行"七想七不干"的工作要求，形成系统化的行为安全工具，实现直接作业环节的严格管控，提升企业安全行为文化建设的有效性。

（3）建立安全行为激励机制，鼓励员工实施安全行为

建立、健全运行良好的安全行为激励机制，积极认可员工良好的安全绩效，鼓励员工实施安全行为，充分发挥员工主观能动性，自觉控制不安全行为。

8.3.3 完善安全物态文化建设

安全物态文化是企业生产经营活动中所处的环境条件和本质安全化状态，是实现本质安全化的基础和保障。

（1）依靠科技创新，加强本质安全

加大安全投入，狠抓科技创新，不断采用新技术、新产品、新装备、新标准，充分发挥科技创新对安全生产工作的支撑引领作用，向科技要安全，实现本质安全，努力提升生产运营水平。

（2）规范视觉指引，实现安全引导

综合运用包括安全标识、安全操作指示、安全绩效等各种安全指引工具和安全目视化管理工具，实现作业场所安全状态可视化，从而有效引导员工安全生产。

（3）强化安全防护，确保作业安全

依据生产作业环境特点，安装有效的防护设施和设备，配备、检查及更新个体防护用品，做好安全防护工作。

（4）推进安全文化载体建设，营造安全的环境和氛围

积极推进安全文化载体建设，营造浓厚的安全环境和氛围。积极创建安全文化教育基地，开展安全文化教育活动，并充分利用宣传舆论工具进行广泛宣传，在企业内部形成浓厚的安全文化氛围，依靠环境引导人，使广大员工受到潜移默化的教育和熏陶，从而有效提升企业整体安全文化水平。

8.3.4 应急文化建设

培育中国应急文化应坚持文化自觉、开放创新，创造性传承、转化和弘扬中华民族的传统智慧和文化思想以及人类卓越的共性理念，借鉴先进的应急经验，重构应急文化的符号、外显价值观和潜在假设的内容。突破一贯制管理思维，突出治理理念，加强国际交流，积极主导和参与区域防灾减灾救援项目，展示良好国际形象。系统集成技术、经济、管理和法律等，确立和实施社会参与制度，完善应急符号和社会规范，摒弃非理性群体意识，倡导制度化诉求表达，培养国民的危机意识和自救互救能力，形成长期导向的应急核心价值观。

8.3.4.1 构建政府主导、社会参与、流程驱动、机制保障的应急文化培育模式

应急文化培育是应急核心价值观潜移默化、关键事件触发推动的旋进式改进过程，应明确政府、企业、非政府组织和公众等应急主体的角色和定位，强化体制机制保障，逐步实现

合作共治。自上而下总体设计与自下而上需求驱动相结合，明确部门和层级间的责、权、利分配机制，完善监督反馈机制和问责机制，提高应急文化培育的针对性和实效性。树立"有限政府、合作互助"的思想，发挥政府垂范、公务员表率的作用，创新社会参与机制，激发企业、非政府组织等利益相关者的主观能动性，加强第三方监督与评估，形成立体交互的社会监督体系。以监控监测、预测预警、应急响应和恢复重建为主线，构建基于组织和任务环境(如经济水平、文化特征、突发事件类型及频次等)的应急管理流程，实现信息、技术、组织、资源等的系统集成与优化配置，推动政府、企业、非政府组织与公众等快速有效地参与应急，促进应急知识的传播和应急意识的强化。

8.3.4.2 完善应急预案，优化应急管理信息平台，充分发挥媒体的功能作用，构建层次化的应急教育培训体系

（1）明确应急预案定位，把握预案间的衔接与联动关系，统筹应急管理全过程，重塑预案体系。将预案定位于国家安全战略的执行措施，基于法制、体制、机制在前，预案在后的原则，规范修订程序，增强内容的可操作性。以权责分配和资源配置为核心，详细表述政府、企业、非政府组织和公众等应急主体的责任、权利和义务。理顺政府职能部门间的协作关系，确定监控监测、预测预警、应急响应和恢复重建等阶段的工作流程，优化应急组织体系的运行机制。厘清上下级及横向预案间的衔接与联动关系，统筹专项预案，制定标准化的实施方案，推动形成精细化可操作的应急预案体系。

（2）规范信息报送格式与流程，集成各类应急服务系统。优化构建综合应急管理信息平台。权威、及时、透明、全面的应急信息是快速有效应对突发事件的有力支撑。标准化应急信息报送格式与流程，调整分部门逐层上报的机制，允许下级部门在特殊情况下越级上报。以平战结合为原则，综合运用物联网、移动互联网、大数据、云计算等现代信息技术，优化整合不同部门和行业的应急信息服务系统。完善应急管理案例库、数据库、模型库、方法库等，开发针对应急管理全过程且界面友好的信息服务子系统，打造社会化的综合应急管理信息平台，加强政府、企业、非政府组织和公众间的信息沟通，完善应急信息服务体系。

（3）明确应急物资管理主体，以"化整为零、分级代储"为原则，完善非结构性的应急物资储备体系。基于综合应急管理信息平台，建立应急物资管理系统，实现政府和社会应急物资信息的汇总与协调。成立由改革、经贸、民政、财政、建设、水利、卫生、环保、安监、公安等部门组成的应急物资领导小组，作为应急物资管理的责任主体，统一管理应急物资的储备与调配。制定实施持续支持和补偿政策，施行多元化的物资储备制度，与企业签订标准化行政合同，实现政府储备与企业储备、实物储备与生产能力储备的有机结合。同时，积极引导公众储备家庭应急物资。

（4）完善应急设施及应急符号，丰富应急体验，构建分层次、差异化、重实践的全民应急教育培训体系。确立政府、大学、社会团体的文化担当，明确应尽的社会责任，引导中国应急文化培育。学校开设灵活多样、内容丰富的应急管理课程，提高学生的安全意识和应急能力，培养应急知识传播的生力军。发挥国家行政学院应急管理培训中心的指导和引领作用，设立省级应急管理培训中心，分层次、全过程、专业化培训应急决策、指挥和执行人员，设立社区应急培训机构，差异化培训企业、非政府组织等的人员，以及志愿者和公众，形成一体化、广覆盖的国家应急教育培训体系，广泛提高各类人群的应急意识和技能。理论与实务相结合，开发模块化的课程体系，通过专题研讨、桌面推演、职能演练、技术演习等，提高培训成效。高标准配备应急设备设施，设置统一、易识的逃生救援标志，改造现有

公园、绿地、广场、体育场馆和学校等，使之兼具应急功能。建设应急文化主题公园、社区防灾体验中心和应急纪念馆等，丰富公众的应急体验。

（5）确立和发挥媒体的功能作用，打造综合性公共信息系统，营造增强国民应急意识和技能的舆论氛围。系统整合移动互联网、电视、广播、平面媒体等，开发在线应急演练系统、大型开放式网络培训课程（Massive Open Online Courses，MOOC）和相关应急游戏等模块，打造综合性公共信息系统，多渠道及时发布应急政策、危险源分布、处置进程等权威性应急管理信息。考虑突发事件特点、媒体传播特征、目标受众心理等，利用公共信息系统，即时传播各类应急演练的场景、评估结果，以及预案体系的反馈改进工作，营造浓厚的应急准备氛围，培养公众的应急下意识和社会的应急自觉性。

8.3.4.3 强调治理、平战结合，健全法律法规，建立社会协同应急机制，完善社会应急规范体系

（1）目标引领，明晰权责，完善应急法律体系，充分发挥基础性和指导性作用。强化政府主导培育应急文化的意志，明确规划目标和战略部署，为培育中国应急文化提供动力和指南。坚持财权与事权相统一原则，完善应急问责机制与免责机制，鼓励勇于决策和依法响应。明确社会组织参与应急的地位、组织形式、权力、义务、资金来源等，引导和培育非政府组织规范发展，保障其合理有序地参与应急全过程。

（2）通过社会协同治理模式提高国家应急能力。在发挥政府主导作用的同时，强化现代政府的公共安全服务和社会行为引导职能，注重多方参与、协调互动、利益均衡，兼顾正式与非正式的制度安排，运用经济、法律、行政等多样化手段，激活社会组织，将自上而下的行政动员、自下而上的社会动员与水平方向的市场动员有机结合，实现政府与社会组织之间应急行为的良性互动，形成社会协同治理模式。

（3）创新应急的市场参与机制，发挥社区、国有企业的作用，助力应急文化建设。充分利用社会资本，推动政府、企业与社区协同合作，创建综合减灾社区，形成"邻里互助"的新型社区关系，推动应急文化建设。明确大型国有企业的社会责任和行为规范，完善企业应急管理机构的组织结构和运行机制，充分发挥其在应急管理全过程中应有的功能作用，形成示范带动效应。发挥市场在资源配置中的决定性作用，规划发展应急救援与保障服务产业。建立政府与企业的合作伙伴关系，形成多元的公私合作模式，联合推动应急产品的研发与生产。推动社会由注重处置的一次性、应激性参与，转向平战结合的全过程、常态化参与。

8.3.4.4 注重培养现代公民伦理价值观、公共安全与应急准备意识，形成长期导向的应急核心价值观

中国传统文化使得制度伦理极大地影响着个体行为。非理性群体意识过分强调整体，消解个体，压抑和异化公共意识，导致个体的应急知识和自救互救的意识、能力不足。坚持政府主导、开放创新，摒弃非理性群体意识，培育人本意识、契约意识、法治意识和责任意识等现代公民伦理价值观，以及公共安全与应急准备意识，激发公众对生命的尊重与关爱，奠定依法应急的思想基础。一方面，破解中国信访模式的制度困境，创新利益诉求的表达方式，完善多主体利益协调机制，保障不同群体的正当权益，最大限度规避非制度化的诉求表达，切实减少社会的不稳定因素；另一方面，强化应急准备和自救互救理念，优化系列制度、社会规范、道德标准，引导形成长期导向的预防性危机意识和公共安全责任意识，以及"防微杜渐"、"自强不息"等下意识行为，最大限度地减少"以讹传讹"、"求神问卜"等负面文化的心理羁绊。

8.4 安全文化、应急文化建设的组织实施

企业安全文化、应急文化建设是一项持之以恒，不断完善的系统工程。安全文化和应急文化作为企业文化的重要组成部分，要将安全文化、应急文化建设纳入企业文化建设的总体战略之中，整体推进，使三者有机结合，推动企业各项事业的健康发展。

8.4.1 实施步骤

8.4.1.1 宣传推广阶段

重点宣传贯彻危险化学品企业统一的安全理念体系，完善有关规章制度，修订员工行为准则，营造浓厚的安全文化氛围，发布危险化学品企业《安全文化手册》。增强企业和员工对安全文化的认同感和建设的积极性。

8.4.1.2 典型示范阶段

在安全文化、应急文化建设基础较好的企业开展试点工作，并通过省级安全文化建设示范企业评估，广泛进行系列宣传报道，以点带面、辐射全局，推动全系统安全文化、应急文化建设。

8.4.1.3 整体推进阶段

重点推进危险化学品企业共性安全文化、应急文化与企业个性安全文化的融合，形成由安全理念体系、管理文化体系、行为文化体系、物态文化体系、应急文化体系共同构成的比较完整的危险化学品企业安全文化、应急文化体系。

8.4.1.4 巩固提高阶段

用较长一个时期，丰富完善危险化学品企业安全文化内涵，形成一批国家以及省级安全文化建设示范企业，构建企业安全文化、应急文化建设的长效机制。

8.4.1.5 持续提升阶段

企业应定期进行安全文化、应急文化评估，根据文化成熟度和存在问题提出改进措施，以实现安全文化、应急文化建设的持续提升。

企业应按照实施步骤的计划开展安全文化、应急文化建设工作，安全文化、应急文化建设的效果纳入危险化学品企业考核。

8.4.2 形式载体

积极利用富有时代感，表现力强，体现石油石化特色的安全文化、应急文化建设载体传播企业的安全文化。通过积极建设安全文化、应急文化园地，安全文化、应急文化长廊，安全文化、应急文化社区；广泛开展安全应急知识竞赛、有奖问答、技术比武、劳动竞赛、安全应急座谈会，以及征集安全漫画、安全警句格言、亲情寄语，举办安全演讲、安全签名活动，举行安全培训、应急演练等方式，充分发挥内部媒体、培训中心、荣誉室、展览馆、"职工之家"等文化阵地的作用，利用电视、网络、报刊等大众传媒广泛宣传危险化学品企业安全文化理念，在企业内部形成浓厚的安全文化氛围，将企业安全文化、应急文化植根于员工的思想，引导员工自觉实践企业安全文化、应急文化理念。

8.4.3 保障措施

8.4.3.1 组织保障

各企事业单位要加强对企业安全文化、应急文化建设的领导，统筹各方面的力量，落实安全文化建设工作，形成安全主管部门组织协调，各职能部门分工落实的工作体系，各企事业单位党政主要领导是企业安全文化、应急文化建设的第一责任人。

8.4.3.2 机制保障

完善企业安全文化、应急文化建设运行机制，建立分工明确，运转协调的责任体系，保证企业安全文化、应急文化建设有序开展。完善企业安全文化、应急文化建设考核评价机制，促进企业安全文化、应急文化建设有效开展。完善企业安全文化、应急文化建设交流机制，互相学习借鉴企业安全文化、应急文化建设的优秀成果，推动企业安全文化、应急文化建设深入开展。

8.4.3.3 人才保障

通过学习培训、岗位实践等方式，加快培养企业安全文化、应急文化建设骨干人才，提高企业安全文化、应急文化建设工作水平。

8.4.3.4 资金保障

企业安全文化、应急文化建设资金纳入企业安全生产费用预算，为企业安全文化、应急文化建设提供必要的资金支持和物质保障。

第9章 重大突发事件情景构建和事故管理

9.1 成品油的危险特性

成品油经营单位——无论石油库还是加油站的工作人员，必须了解和熟悉成品油的危险特性，只有掌握了这些危险特性并在整个经营管理过程中根据这些危险特性采取相应的措施，严格遵守安全管理制度和有关操作规程，才能有效防范和杜绝事故发生，切实管理好石油库和加油站。

石油成品油的主要危险特性有以下几个方面：

（1）易燃易爆性

油品的组分主要是碳氧化合物及其衍生物，是可燃性有机物质。许多油品的闪点较低，而且与燃点很接近，蒸发速度快。由于油品在储存收发作业中，不可能是全封闭的，如果油蒸气大量积聚和飘移，存在于有大量助燃物的空气中，当闪点和燃点低于环境温度时，只要有很小的点燃能量(最小点燃能量为 0.25mJ)，就会闪火燃烧。

当空气中的油蒸气浓度在爆炸极限范围以内时，与火源接触，即可发生爆炸。油品的燃烧速度很快，尤其是轻质油品，汽油的质量燃烧速度最大可达 $221kg/(m^2 \cdot h)$，水平传播速度也很快，即使在封闭的储油罐内，其火焰水平传播速度也可达 $2 \sim 4m/s$。因此，油品一旦发生燃烧，很容易产生更大的危险。

油品的爆炸浓度下限很低，尤其是轻质油品，油蒸气易积聚飘移，波及范围大，浓度在爆炸极限范围内的可能性大，所需引爆能量很低，绝大多数火源都具有足够的能量来引爆油气混合物。

油品的爆炸温度极限越接近于环境温度，越容易发生爆炸。冬天室外储存汽油，发生爆炸的危险性比夏天还大。夏天在室外储存汽油因气温高，在一定时间内，汽油蒸气的浓度容易处于饱和状态，往往先发生燃烧，而不是爆炸。

油品在发生爆炸后，如果油蒸气能够不断地补充，就创造了继续燃烧的条件，即爆炸转为燃烧。容器内油品蒸气浓度高出爆炸极限范围的上限时，遇火源则先燃烧。当油蒸气稀释到爆炸极限范围内时，便转为爆炸，即燃烧转为爆炸。

（2）易产生静电

油品在储运过程中，易产生和积聚静电荷。静电的产生与积聚同物体的导电性能有关。油品的电阻率在 $10^{10}\Omega \cdot m$ 以上，是静电非导体。输油管道的内壁粗糙度越大，流经的阀门、弯头等管件越多，距离越长，流速越快，温度越高，油品的杂质、水分含量越高，罐装时落差越大以及空气湿度越小，产生的静电荷越多。另外，油品静电的产生速度远大于流散速度，很容易引起静电荷积聚，静电电位往往可达几万伏。而静电易于积聚的场所，通常又有大量的油蒸气存在，很容易造成静电事故。

油品静电积聚不仅能引起静电火灾爆炸事故，还限制油品的作业条件，造成作业时间延迟和劳动效率的降低。

（3）易受热膨胀

油品受热后，温度升高，体积膨胀，同时也使蒸气压增高。若容器灌装过满，管道输油后不及时排空，又无泄压装置，便会导致容器和管件的损坏。汽油温度变化 1℃，其体积变化 0.12%，所以储存油品的密闭容器若靠近高热或日光曝晒，将受热膨胀，压力增加，很容易造成容器胀破。在火灾现场附近的油桶受到火焰辐射的高热膨胀，压力增加，很容易造成容器胀破。在火灾现场附近的油桶受到火焰辐射的高热作用，如不及时冷却，也可能因油桶膨胀爆裂，增加火势，扩大火灾面积。另一方面，由于温度降低、体积收缩、容器内出现负压，也会使容器变形损坏。如气温骤降，油罐呼吸阀的真空阀盘因某种原因来不及开启，或向外发油真空阀盘来不及开启，而使油罐凹陷抽瘪的现象常有发生。故对于储油容器，尤其是各种规格的油桶，不同季节都应规定不同的安全容量，而在输油管线上应设有泄压装置。

（4）易蒸发、易扩散和易流淌

石油成品油主要由烷烃和环烷烃组成，烃类分子很容易离开液体，挥发到气体中。蒸发量和蒸发速度受温度、蒸发面积、所接触空气的流动速度、液面压力和液体密度的影响。1kg 的汽油大约能蒸发 0.4m³ 的汽油蒸气。煤油和柴油虽然蒸发较慢，但比水蒸发快得多。蒸发出的气体，可能随风飘散扩展。无风时，油蒸气也可沿地面扩散出 50m 以外，并沿地面和水面飘移，积聚在坑洼地带。所以无论石油库还是加油站中各建（构）筑物之间一定要有安全距离，并考虑风向、风力大小等因素，以防火灾及灾情扩大。

液体都有流动扩散的特性。油品的流动扩散能力取决于油品的黏度，低黏度的轻质油品，密度小于水，其流动扩散性很强。重质油品的黏度虽高，但温度升高，黏度降低，其流动扩散性也随之增强。它们既能沿地面和水面流淌，又易于在坑洼地带积聚，故在防止火灾和灾情扩大方面，也要考虑油品的易扩散和易流淌的特性。

（5）易沸溢

储存重质油品的油罐燃烧时，可能发生油品的沸腾突溢，向容器外喷溅，扩大灾情。形成重质油品沸溢的原因主要是热辐射、热波作用和水蒸气的影响。当油罐发生火灾时，首先是表层的燃烧，热向下传递沉降，使深层的油品达到沸点而沸腾，同时油品中的水分被加热汽化，体积大大增加，便以高压向外冲击，并带着油滴升到空中，形成火柱，向四周喷溅，扩大着火面积。这不仅容易造成人员伤亡，扑救困难，而且由于火焰辐射热量高，容易造成油罐间的火灾蔓延。因此，重质油品不能因其闪点高，火灾发生危险性小，而忽视其安全防范工作的重要性。

（6）具有一定的毒害性

石油成品油的毒害性，与其成分中烃的类型有关。不饱和烃、芳香烃较烷烃的毒害性大。易蒸发的石油成品油较不易蒸发的石油成品油危害性大。轻质油品特别是汽油中含有不少芳香烃和不饱和烃，而且蒸发性又很强。因而，它的危害性也就大一些。石油成品油对人的毒害是通过人体的呼吸道、消化道和皮肤三个途径进入体内，造成人身中毒。中毒程度与油蒸气浓度、作用时间长短有关。浓度小、时间短则轻；反之则重。含有四乙基铅的航空汽油，除上述毒害性外，还会由于铅能通过皮肤、食道、呼吸道进入人体，使人发生铅中毒；同时，它还将严重污染环境，使空气质量变坏。

9.2　成品油经营单位的防火防爆

9.2.1　爆炸和火灾危险场所等级范围的划分

成品油具有易燃易爆的火灾危险特性。根据 2014 年修订的《石油库设计规范》(GB 50074—2014)规定，按其闪点大小，将油品分为甲、乙和丙类。结合作业环境等情况，又将其划分为爆炸危险、火灾危险和一般用电三个区域，以指导成品油经营单位正确选用相关设备和实现安全作业与经营。

成品油经营单位的爆炸危险区域主要指甲、乙类油品的收、发和储存作业区及其周围的有限空间；火灾危险区域主要指丙类油品的收、发和储存作业区及其周围的有限空间；一般用电区域为除上述两个区域以外的其他区域。

9.2.2　防火防爆措施

油气混合物发生着火爆炸必须具备一定的火源和在爆炸浓度极限范围的油气混合物，防火防爆的基本措施就是使这两个条件不能同时存在，即减少油品蒸发，防止油蒸气形成爆炸性油气混合物，或者控制和消除火源，避免火源作用爆炸性油气混合物。防止形成爆炸性油气混合物的措施称为一次防护措施，消除火源的措施称为二次防护措施。无论石油库还是加油站，由于受设备和作业条件的限制，油品不可避免蒸发，形成爆炸性混合气体，依靠一次防护措施是达不到要求的，必须采取二次防护措施，以弥补一次防护措施的不足。

（1）减少油品蒸发和降低油气混合物的浓度

油品蒸发是形成爆炸性油气混合物的根本原因，只有减少油品蒸发，才能减少爆炸性油气混合物形成的可能性。目前，石油库或加油站中采用全密封的设备来储存、收发油品的措施，来达到减少油品蒸发的目的。

① 防止油品泄漏。油品具有良好的流动性，储存输送油品的设备应具有一定的严密性和承压能力，防止腐蚀穿孔及破损，最大限度地避免油品泄漏或油品的蒸发。收发油作业时，应防止油品超过安全液位溢出油罐或油罐车。检修设备时应注意阀门的关闭，剩油不能任意排放及露天存放。

② 降低油罐内温差。储油罐是油气主要释放源，大小呼吸可以产生大量的油蒸气。油罐小呼吸的主要原因是罐内气体空间温差大。所以，在夏季可以对油罐进行淋水降温，一般在油罐受热前进行。日出不太久，油罐就会出现呼气现象，要抓紧赶在呼气以前淋水，可以大幅度地降低罐内气体空间的温差，尽可能减少小呼吸的频率。

储油罐外壁应选用浅色的涂料，因浅色涂料较深色涂料具有较大的反辐射能力，减少油罐吸收阳光的辐射热，降低油罐温度变化。也可以对油罐采用反辐射绝热装置，或采用隐蔽油罐(如加油站的储油罐采取直埋方式)，这些都可大大减少油罐内的温度差变化，起到降低小呼吸作用。

③ 采用内浮顶油罐。内浮顶油罐由于内浮盘作用，油品不直接同空气接触，自由界面减少，其气体空间可近似地认为等于零，所以具有优良的降低蒸发性能。据测定，内浮顶油罐比拱顶罐可减少油品蒸发量达 80%以上。

④ 进行油气回收。在减少油品蒸发的前提下，对那些不可避免蒸发的油气进行回收转

变为油品，以防逸入大气中。如采用直接或间接制冷方法使油气凝结成油品，都可以避免已蒸发的油气扩散到空气中，还可以改善作业卫生条件，降低油品的损耗。

⑤ 改进设备及操作。输储油设备应选用密封性能好的设备，尽可能不选用或少选用易产生滴漏等密封不严的设备。有些设备可附加降耗设备，如油罐可设置呼吸阀挡板，鹤管可采用分流头形式，对油罐车发油时可采用密闭装油。收发油作业时应尽可能减少流转环节，避免分散装油和喷溅式装油，以及注意收发油时的环境温度变化对油品蒸发的影响。

⑥ 通风。通风是使油蒸气浓度低于着火爆炸危险限度以内最好的防范措施。尤其采用自然通风既经济又安全。从安全要求出发，为考虑到取样不均匀以及留有一定的安全裕度，通风后的可燃气体在空气中的浓度一般要小于或等于爆炸下限的1/4。由于油蒸气具有毒害性，还应考虑到操作人员在此环境下作业而不至于引起中毒或任何不适情况，故其浓度应控制在小于国家工业卫生标准规定的最高允许浓度。因为毒物的最高允许浓度都比爆炸下限低得多，控制在这个浓度以下几乎就没有爆炸危险了。

通风按动力可分为机械通风和自然通风，按作用范围又可分为局部通风和全面通风，还有事故发生时需要迅速排除有害气体的事故通风。

由于空气中含有易燃易爆气体，补充的新鲜空气必须净化，排气管应伸出室外，高出附近屋顶并留出一定的安全距离，且应注意检查附近有没有火星和高压电源等火源。除考虑主导风向和安全间距外，还应适当注意附近烟囱高度。通风口或通风管应设置防火阀门，以防止火灾蔓延。排气管不应造成负压，也不应阻塞。

对局部通风，应注意排出气体的密度，防止密度大的油气可能积聚在低洼处，密度小的油气积聚在高处或死角。要注意气流畅通，防止库、站内局部地区的油蒸气达到爆炸下限浓度。

此外，可采用充填惰性气体予以惰化的方法，来限制爆炸性油气混合物的形成，即在可燃气体与空气混合物中充入惰性气体，可以缩小甚至消除爆炸危险和防止火灾蔓延。使用惰性气体的目的是降低含氧量，当氧含量降低到某一值时，燃烧便不能进行，即使已燃着的火焰也会熄灭。但从目前情况看，石油库或加油站因种种原因较少采用。

（2）控制与消除火源

火源种类很多，各有其特点，其中以电气和明火的威胁为最大。对于明火引爆源，石油库及加油站作为易燃易爆重点要害单位，必须严格落实和遵守入库进站须知与明火管理制度等防火防爆的具体措施和要求，如禁止吸烟、使用非防爆电器及设备以及避免铁器碰撞产生火花，防止外来火源进入石油库和加油站内，采取可靠的防雷、防静电措施，控制明火的使用范围及使用时间，特别对动火场所必须进行严格的动火分析后方能进行明火作业，严禁堵塞消防通道及随意挪用消防器材，确保各类消防安全监测与防火防爆设施完好等。对于电气引爆源一般采取电气设备整体防爆的措施，将其危险控制在最小程度。电气设备整体防爆是指根据油气爆炸和火灾危险场所的危险等级选用、安装、使用、维护和检修都全面达到整体防火防爆要求。

由于石油库和加油站需要选用的防爆电器设备种类很多，具体选用、安装、检查和维护保养的要求也不同，切实加强防爆电器设备的日常检查，如防爆电器及灯具是否完好，外壳表面是否清洁及有无裂纹、变形；区域通风情况，监测外壳表面温度；倾听运行声响是否正常；进线装置是否密封，紧固件是否齐全、牢固，接地、接零是否良好；设备运行状态是否正常等，都是十分必要的。

（3）防静电措施

由于静电积聚而放电使油蒸气燃烧、爆炸已成为石油库和加油站着火爆炸事故的主要原因。因此，必须十分重视，并做好防静电工作。防止静电危害的措施和要求如下。

① 严格按规定的流速输送易燃易爆油品，尤其应注意初始流速的控制，初始流速一般不应大于 1m/s；输送流速其最大流速以 7m/s 为宜。

② 易燃易爆油品在输送停止后，须按规定静止一定时间，方可进行检尺、测温、采样等作业。具体要求是：50m³ 及以下的油罐，静止时间不得少于 3min；50~5000m³ 的油罐，静止时间小得少于 10min；5000m³ 以上的油罐，静止时间不得少于 30min。

③ 对易燃易爆油品储罐进行测温采样，不得使用两种或两种以上材质的器具。

④ 不准从罐的上部喷溅式注入轻质油品；油槽车应采用鹤管液下装车，严禁在罐区灌装油品。

⑤ 严禁穿易产生静电的服装进入易燃易爆场所，尤其不得在该区穿、脱衣服或用化纤织物擦拭设备。

⑥ 禁止在雷雨天作业，爆炸危险场所的作业人员必须先进行人体消电。

⑦ 易燃易爆场所和易产生静电的作业环节，必须做好设备防静电接地，具体接地要求参见有关规范或标准规定；混凝土地面、橡胶地板等导电性要符合有关规定。

⑧ 油品的输送和包装必须采取消除静电或泄除静电措施。

⑨ 防静电措施和设备要指定专人定期进行检查并建卡登记存档。

⑩ 新产品、设备、工艺和原材制的投用，必须对静电情况作出评价，并采取相应的消除静电措施。

9.3 重大突发事件情景构建

9.3.1 应对重大突发事件存在的问题

经营单位重大突发事件具有"离散随机小概率"特质，使每一个事件表现形式非常复杂，具有高度不确定性，而且其破坏强度、波及范围和灾变行为又千差万别，这给应急准备规划、应急预案管理、应急培训和应急演练策划组织都带来很大的技术挑战，可严重影响从预防、准备到响应和恢复整个应急管理过程的效率与质量。

重大灾害如何产生，经营单位应急管理存在的一些问题：

（1）自然的：对灾害的认知不完备；

（2）技术的：应急能力欠缺（系统脆弱性）；

（3）人为的：相关人员失误失职渎职；

（4）现在应急管理中经验主义的问题；

（5）应急准备缺乏明确"目标"。

应急管理实际工作中，"情景构建"的缺位使应急准备缺乏明确"目标"的引导与支持，进而无法提升预案和演练的针对性、有效性。在面临日益严重的各类公共安全事件威胁下，通过情景构建可以发展统一、灵活、高效应对主要风险的能力，凝聚国家或辖区整体力量对各类重大突发事件进行有效预防、准备、响应和恢复，有助于"有准备"地应对极端小概率或"几乎从未出现过"的突发事件，从而提高国家和地方处理复杂、交叉重大突发事件的能力。

9.3.2 重大突发事件情景组成与分类

重大突发事件情景实质上是反映经营单位的最主要风险，而不同的国家或地区由于经济社会发展水平，以及文化和自然环境的差异性，使其面对突发事件的风险有很大区别，需要对情景进行可选择性的分级与分类，这既可保证应急管理在整合水平上的一致性，又有利于对不同风险进行区别对待和实施分级和分层管理。一个主要基于风险特征的突发事件情景分级分类矩阵（见表9-1），用一个简略矩阵形式，体现出事件情景的性质分类、强度级别、情景特点三个维度的特性。

表9-1 突发事件情景分级分类矩阵

级别/性质	自然（N）	技术（T）	社会（S）	合计
一级巨灾（危机）	疫病大流行、特大地震、飓风	核泄漏、危险化学品泄漏	恐怖袭击(爆炸、生物袭击或核爆)、暴乱	7
二级灾难级	洪水、大坝失效、森林大火	特大交通事故、空难、海难	种族、宗教和经济纠纷等导致激烈冲突，网络袭击	8
三级事故（件）级	局地极端气象条件、地质灾害	工业与环境事故、重大火灾、重大交通事故	公共集聚、大规模工潮	7
合计	8	8	6	22

第一级是巨灾或危机级情景，是所有情景中最高级别，也可称其为国家突发事件情景。这类事件特点是极端小概率，严重威胁公众群体生命安全与健康，对经济社会破坏力极强，损失严重，波及范围广泛，影响至全国，有时可超越国界，灾变情况十分复杂，常造成继发性或耦合性灾害，恢复十分困难，甚至难以恢复，需要动员国家力量才能应对的特别重大危机事件。矩阵表中试列出了7组巨灾（危机）情景。

第二级为灾难，一般是指事件发生概率相对较低，破坏强度很大，后果较为严重，波及范围超出几个市、可遍布全省、乃至跨越省辖区，情况较为复杂，动员力度较大，较长时间才能恢复的重大突发事件。表9-1中试列出8项，可作为省辖区重大突发事件情景组。

第三级为事故或事件，主要是指发生概率相对较高，事件造成破坏强度有限，波及范围在市县级政府辖区范围之内，灾种较为单一，处置力度相对较小，较短时间即可恢复的突发事件。表中试列有7个情景组，这类基本属于市县辖区的突发事件情景。

我们已注意到，列入矩阵中的22个情景中并没有包括一些大家所熟知的具有影响的事件，但同样也可以发现，已提出的这些情景基本反映了各类突发事件共性特点和公共安全面临的主要威胁，这样基本可以保障用最少量的、最有代表性和最可靠的情景，明确应急准备的方向与范围，指导综合性应急预案的编制和组织培训与演练实施。

突发事件情景规划的事件分级不同于我国目前对突发事件的分级方法。在我国突发事件应对法和《国家突发公共事件总体应急预案》等相关法律法规文件中都是首先按照行政管理的领域划分成自然灾害、事故灾难、公共卫生事件和社会安全事件四个类别，然后依据每个类别不同类型事件的损失后果（人员伤亡或经济损失等）程度进行事件分级，即所谓先分类再分级的办法。突发事件情景规划的事件分级，主要强调事件本身的强度和应对的难易程度，尤其关注应急准备和应急响应与之相匹配的能力。因此，应急准备任务设置和应急响应能力要求成为突发事件情景规划中主体内容，对此，可以称之为基于事件强度和能力的分级思想。突发事件情景规划的这种分级方法有利于对所有各类事件进行分层管理。分级与分层是两个不同属性的概念，分层管理特别强调的是每一级政府或每一个单位应对突发事件的能力，无论突发事件类型、级别和预期后果如何，都必须从事发地最底层政府启动应急响应，应急管理权与指挥权是否转移至上一级，主要取决于应对能力。这样处置不但可充分发挥基层政府"第一时间响应"的作用，而且特别有利于实现属地为主原则和减少应急响应成本。

9.3.3 重大突发事件情景构建概念

情景构建中的"情景"不是某典型案例的片段或整体的再现，而是无数同类事件和预期风险的系统整合，是基于真实背景对某一类突发事件的普遍规律进行全过程、全方位、全景式的系统描述。"情景"的意义不是尝试去预测某类突发事件发生的时间与地点，而是尝试以"点"带面、抓"大"带小，引导开展应急准备工作的工具。理想化的"情景"应该具备最广泛的风险和任务，表征一个地区(或行业)的主要战略威胁。

情景构建是结合大量历史案例研究、工程技术模拟对某类突发事件进行全景式描述(包括诱发条件、破坏强度、波及范围、复杂程度及严重后果等)，并依此开展应急任务梳理和应急能力评估，从而完善应急预案、指导应急演练，最终实现应急准备能力的提升。因此，情景构建是"底线思维"在应急管理领域的实现与应用，"从最坏处准备，争取最好的结果"。

情景构建与企业战略研究中的"情景分析"都是以预期事件为研究对象，但是应用领域和技术路线又不尽相同。情景分析法又称前景描述法，是假定某种现象或某种趋势将持续到未来的前提下，对预测对象可能出现的情况或引起的后果作出预测的方法，因此情景分析是一种定性预测方法；情景构建是一种应急准备策略，通过对预期战略风险的实例化研究，实现对风险的深入剖析，对既有应急体系开展"压力测试"，进而优化应对策略，完善预案，强化准备。

在传统应急管理中，实战演练之前往往开展情景设计，常规情景设计与重大突发事件情景构建无论在研究体量、研究目的，还是研究意义都存在着一定的差异，如表9-2所示。

表9-2　常规情景设计与重大突发事件情景构建差异表

项目	重大突发事件(巨灾)情景构建	常规情景设计
构建基础	大量历史典型案例统计分析、预期风险评估、真实背景深层次调研	基于对典型案例和常规风险的认知
构建目的	面向应急准备	主要针对应急响应(侧重协同与处置)
构建角度	全景式、全业务、全过程	侧重灾害的"事中"场景
体量差异	无数常规突发事件情景的时空耦合	灾害态势
支撑预案	预案体系(相关预案组合)	侧重专项预案或操作预案
匹配演练形式	桌面演练、跨层级、跨部门演练(情景构建过程就是由若干桌面演练组成)	常规演练(技能、业务演练)
展现形式	面向各层级(决策领导层、业务处置层、公众响应层)的风险实例化表现与应急处置要点(含视频和文档)	演练背景材料
指导意义	预案体系优化、演练规划设计、对照评估应急能力	明确演练场景、提高演练针对性

9.3.4 突发事件情景构建基本技术方法

突发事件情景构造从技术路线上大致可划分为三个主要阶段，详见图9-1。

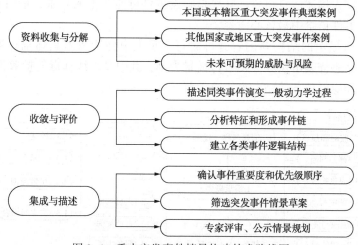

图 9-1 重大突发事件情景构建技术路线图

第一阶段，资料收集与分解。

用于情景构建的资料与信息主要来源于三部分。一是近年来（至少应十年以上）国家或辖区内已发生的各类突发事件典型案例。这些案例要描述和解释事件的原因、经过、后果和采取的应对措施及其经验教训等；二是其他国家或地区类似重大突发事件的相关资讯；三是依据国际、国内和地区经济社会发展形势变化，以及环境、地理、地质、社会和文化等方面出现的新情况和新动向，预期可能产生最具有威胁性的非常规重大突发事件风险，包括来源与类型等。

第二阶段，以事件为中心的评估与收敛。

依靠专业人员和专业技术方法列近乎海量的数据进行聚类和同化，这一阶段应完成三个主要任务：一是按时间序列描述事件发生，发展过程，分析事件演化的主要动力学行为，应特别关注焦点事件的涌现、处置及其效果；二是经过疏理和聚类，从复杂多变的"事件群"中凝练归纳出具有若干特征的要素，并聚结形成事件链，辨识不同事件的同、异性特点；三是建立各类事件的逻辑结构，同时，对未来可能遭遇到的主要风险和威胁做评估与聚类分析。

第三阶段，突发事件情景的集成与描述。

在前两个阶段工作基础上，按照事件的破坏强度、影响范围、复杂性和未来出现特殊风险的可能性，建立所有事件情景重要度和优先级的排序，再次对事件情景进行整合与补充，筛选出最少数和共性最优先的若干个突发事件情景。此后，则可依据国家对应急准备战略需求和实际能力现状，提出国家或本地区若干个突发事件情景规划草案，以此为蓝本，通过专家评审和社会公示等形式，广泛征求各方面意见，进一步修改完善，形成重大突发事件情景规划。

在突发事件情景构建的全过程，不但应该有政府官员，科学家和各类专业人员的直接参与，还要注意不断地征求来自社会各界的意见，尤其是注意倾听各类不同的社会反映，使情景能被绝大多数人理解和接受。同时，这一过程还有助于提高公众对重大突发事件风险感知力，尤其引导公众对未来风险（尚未发生事件）的关注。

9.3.5　突发事件情景的结构与内容

为确保应急准备和应急响应目标的一致性，所有的情景应遵循共同的框架结构，用同样的顺序和层次对情景进行描述。在图 9-2 中大概显示了基于三个维度的情景结构与内容。

按照逻辑顺序，首先描述情景概要，其次是假设事件可能产生的后果，最后提出应对任务，应对任务是突发事件情景中最核心内容。

按照图9-2所显示的结构与内容，可对每个重大事件情景做具体描述和较细致刻画。下文以危险化学品恐怖袭击重大突发事件情景为例，其中又以沙林毒气扩散为代表，对该情景的概要、后果和应对任务等做一个简要示范。

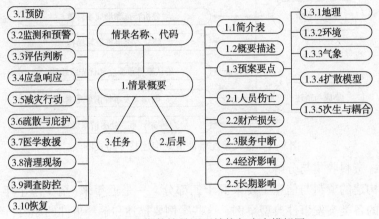

图9-2 突发事件情景原型结构与内容模拟图

9.3.6 实例：重大危险化学品沙林毒气泄漏事件情景

（1）情景概要

① 沙林毒气扩散情景简介表（表9-3）

表9-3 沙林毒气扩散情景简介表

发生地点	大型公众聚集活动场所，地铁交通枢纽
伤亡情况	3800人死亡、300人受伤
疏散人口	10000人被通知疏散避险
经济损失	2000万元人民币
同时发生多次事件可能性	很可能
恢复时间	3个月

② 情景概要描述

沙林（Sarin）是一种人造化学制剂，化学名称为甲基氟磷酸异丙酯，是剧毒的可吸入的神经毒气，纯净状态是透明、无色、无嗅和无味的液体。沙林在空气中蒸发形成蒸气并可蔓延扩散并迅速导致剧烈致死性伤害，（人类在吸入沙林后1~10min即可死亡）。由于沙林原料来源方便，制造工艺简单，且危害后果严重，所以成为最危险的恐怖袭击武器之一。这一情景中，敌对分子通常是将自制沙林投放予地铁这类环境较为封闭的交通站点，或通过通风系统把沙林蒸气释放到都市区的大型商业建筑物或大型会场中。沙林神经毒气扩散迅速，又毒性极高，可致污染区内的接触人绝大多数伤亡。另外，毒气还可向建筑外环境扩散，威胁下风向侧人员生命安全健康。

③ 制定应急预案要点提示

a. 地理信息

建筑物空间结构，最大可容纳人数，假定建筑物20层高，每层有200人，合计可容纳

4000 人。地铁列车中转站可达 1000~5000 人。

b. 环境条件

事发周边区域室外人口密度每平方公里 1500 人。

c. 气象条件

风速决定污染云团扩散速度、范围和稀释速率。当风速为 3~8m/s 时产生的危险性最大；高温时有利于毒气蒸气和以微细颗粒的气溶胶状态吸入肺内，当温度在 65~75℉时最利于毒气发生毒害作用；湿度高可影响毒气扩散和吸入，当湿度在 30%~40% 范围时毒性才更易产生攻击性；雨雪天气可降低毒性气体的有害作用。当遇氢氧化钠等碱性物质时，沙林毒性可降低。

d. 毒气扩散模型

依据沙林毒气的物理化学特性，参照地理和气象条件给出不同条件下毒气扩散的实验模拟和数学模型，以及不同暴露人群的毒性负荷模型。沙林在地铁站台扩散 3D 模拟图如图 9-3 所示。

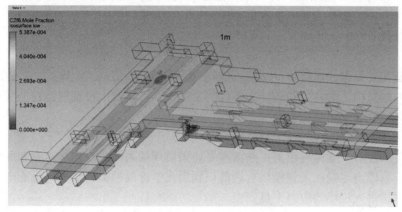

图 9-3　沙林扩散 3D 模拟图

e. 次生与耦合事件

受影响区域人群恐慌造成挤压、踩踏和坠落，周边地区道路机动车事故，甚至出现社会混乱。

（2）事件后果

① 人员伤亡

在一个 4000 人左右建筑物内初始死亡人数可达到 3800 人（95%），200 人受伤，神经系统可能受到永久性伤害。另外可能因恐慌逃生时发生坠落、挤压和交通事故，伤害包括肢体残缺、骨折和脑震荡等，死亡和受伤人数各为 100 人左右。这种危险的混乱一般持续 30min 左右。早高峰时站厅、站台空间使用频率如图 9-4 所示。

② 财产损失

直接财产损失主要来自对建筑消毒、清理和恢复以及设备设施的更新。

③ 服务中断

建筑物很难在短期恢复正常使用，辖区行政管理受到冲击，医疗卫生、通讯网络和公共服务系统受影响很大，短期内很难形成应对再次发生重大突发事件的准备能力。

④ 经济影响

现场恢复重建和业务重新开业成本可达数亿元人民币，公众对消费失去信心，甚至造成经济衰退。

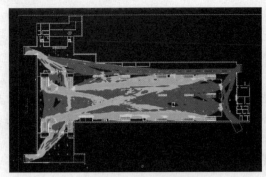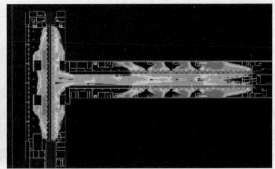

(a)站厅层早高峰空间使用频率　　　　(b)站台层早高峰空间使用频率

图 9-4　站厅、站台早高峰空间使用频率

⑤ 长期健康影响

幸存者 4~6 个月才能康复，许多人神经系统受到永久性损伤，对遇难者亲友、受伤者和经历过这次事件的公众乃至应急人员心理健康具有灾难性影响。

（3）应对任务

① 预防

严格控制相关化学武器材料（CWM）进口、生产、销售的所有环节，加强对使用相关材料单位和个人的监控，对具备制造沙林条件的实验室实行注册申报管理，在公共场所严加专项检查，在高风险场所明显加强警卫。

② 监测和预警

神经毒气泄漏后，立即发出警报并派遣专业人员现场采样、检测、监测和危害评估。应急管理人员应有能力尽量在大规模伤亡之前识别出化学毒气种类和估量出可能产生伤亡的程度和范围，保护进入现场的应急人员安全。

③ 评估研判

依据已搜集的情报信息，从专业角度对事件原因、演变过程、灾难后果、预期困难和应对措施效果及其负面影响进行分析，为指挥行动做出初始评估并提出方案建议。可使用事先设定的各种数学模型针对现场环境与天气等实际情况推算毒气扩散速率、范围和现场变化，并给出以沙林扩散源点为中心的个人风险值的等值线图和社会风险值的函数图。

④ 应急响应

应急指挥平台和联合信息中心激活后，立即开展应急响应行动，持续发出警报和各类应急响应通告，与参加响应活动的相关单位建立联系和保持通畅，加强对重要基础设施和特殊人群的保护，为现场提供必备资源，接受申请和求救资讯并作出反应。

以联合信息中心为主要平台，统一对外发布事件相关信息，使公众和媒体尽快了解事件真相并鼓励公众积极配合相关应急响应活动。

⑤ 减灾行动

毒气泄漏后立即建立隔离区和警戒带，划定危险区域，保护现场，协调指挥现场救援活动，减少灾害后果。

⑥ 疏散与庇护

对紧急疏散现场和下风侧危险区域人员，应急指挥部应立即启动预设的避难场所和设施，有组织接待和保护已暴露或有暴露风险的人员，为其提供有效服务；可启动应急指挥疏散的模拟推演系统，对大规模人群疏散活动进行组织干预。

⑦ 医学救援

事件发生可致数万人受到不同程度的污染，这些人都需进行健康监护，可能需要对数万人立即进行现场急救并送医院治疗，应急管理中心和医疗单位立即进入"紧急医疗"状态：灾情通报、急救、搜索、救护、治疗、患者筛检、分诊、净化处置、病人运送、住院家属通知和病人状态统计报告。

收集、核实死者遗体并采取保护措施，采集影像和遗传学资料并建立死者备查档案。

⑧ 清理现场

在确定安全前提下，及时对现场清污、消毒处理，需无危害处理污染废物，定时环境监测并及时报告。

对危险化学品物品、用具和武器严格管控和处理。

⑨ 调查防控

对制造恐怖袭击嫌疑人调查、控制、追踪和抓捕。

⑩ 恢复

取消应急响应状态，对事件全过程进行调查评估，完善应急准备体系，使之能更有效应对下一次重大突发事件。

9.3.7 重大突发事件情景构建的作用

重大突发事件情景构建的作用主要通过以下三大功能来体现。

(1) 重大突发事件情景构建明确应急准备主要目标

应急准备与应急响应能力对突发事件实施有效的预防、准备、响应和恢复至关重要，而能力主要通过事前的应急准备来实现。显然，应急准备必须具有明确目标，而重大突发事件情景则为全面的应急准备工作提供了清晰、确切的方向和目标。应用共享的一套情景组，使所有参与应急管理的单位与人员目标更加一致，思想更为统一，行动更加协调，使整体上的应急准备活动确实做到"有的放矢"，尤其在应对那些发生概率极小、甚至在国家和辖区内尚未出现过，很难预测，又没有专门经验，但危害极其严重的危机性事件(巨灾)时，情景规划就更不可替代。

(2) 重大突发事件情景构建是应急预案制定的重要基础

重大突发事件情景构建是应急预案制定工作的中心点，规划中列出的这些情景是未来可能面对的最严重威胁的"实例"，因而，在国家和地方应急预案中应得到最优先的关注和安排。按照"情景—任务—能力"应急预案编制技术路线，情景规划可对应急预案管理每个主要环节都发挥关键性作用。

基于"情景"的应急预案编制，本质上是危害识别和风险管理的过程，其主要内容包括特殊风险分析、脆弱性分析和综合应急能力评估三大部分，这三大部分都为应急预案制定修订提供重要技术支撑。事件情景清晰刻画了未来可能面对的最主要威胁，描述了事件可预期的演变过程和可能涌现的"焦点事件"，事件情景所提供的地质、地理条件、社会环境和气象条件，都可成为制定应急预案重要参考。这些内容对设定应急预案的方向、目标、结构和内容都有指导意义。在情景规划中，有一大部分内容是各部门和各单位在某一事件中需承担和完成的各类应急任务要求，这些任务不但涵盖了预防、监测预警、应急响应和现场恢复等各项工作，而且比较细致地描述了每个单位或职责岗位的具体活动，有助于对应急预案的职责和内容进行整合与分配，避免职能的重叠与交叉，保障应急响应指挥协调的通畅。无论是应急准备，还是应急预案，其核心目标都是应急响应能力建设。"情景"通过事件后果评估和应急响应任务设置，对通用能力和预防、保护、响应和恢复四种职责能力都规范了明确要求，同时，也可为应急能力考核、评估提供衡量标准。

（3）突发事件情景可作为规划应急培训演练依据

重大突发事件情景凝练集成了应急响应的主要活动，可为各类应急培训、演练开发出共同的指导基础。情景中的基本要素为应急演练的规划制定、教材方案编写、活动内容安排、考核方法和评估标准提供了可衡量的依据，使各地区、各部门组织的培训、演练都能达到一致性的目标和要求，逐渐形成具备有效应对复杂、多变、重大突发事件的能力。

9.4　事故报告与调查处理

事故报告是事故救援的重要前提，只有通过迅速、及时、准确的生产安全事故报告，才能在第一时间掌握事故情况、实施事故救援、控制事态发展，将事故损失和影响降到最低限度；事故调查和处理既是分析事故根源、解决安全隐患的重要基础，也是吸取教训、追究责任、惩前毖后的有效手段和领导工作决策的重要依据。

2007 年 4 月 9 日，国务院以第 493 号令颁布了《生产安全事故报告和调查处理条例》，替代了《特别重大事故调查程序暂行规定》和《企业职工伤亡事故报告和处理规定》，对生产安全事故的等级划分、报告时限以及调查处理的范围、权限和程序等事项作出具体规定，为生产安全事故的报告和调查处理提供了法律依据；国家安全生产监督管理总局于2011 年 9 月 1 日公布了《国家安全监管总局关于修改〈生产安全事故报告和调查处理条例〉罚款处罚暂行规定部分条款的决定》（总局第 42 号令），进一步细化了有关事故处罚的规定。

为认真贯彻落实《生产安全事故报告和调查处理条例》，北京市在 2009 年 11 月 10 日出台了《北京市生产安全事故报告和调查处理办法》，自 2010 年 3 月 1 日起施行。之后，北京市安全监管局制定了《北京市生产安全事故调查处理工作程序》（京安监发〔2010〕149 号）。

以北京市为例，有关危险化学品事故报告与调查处理相关政府文件应包括：

（1）北京市生产安全事故报告和调查处理办法；

（2）北京市危险化学品事故应急预案；

（3）生产安全事故调查处理相关问题的指导意见；

（4）生产安全事故调查报告书的基本内容及格式；

（5）北京市生产安全事故调查处理文书档案管理办法（试行）；

（6）北京市生产安全事故技术鉴定和技术分析管理办法；

（7）北京市生产安全事故统计报告工作制度（试行）；

（8）生产安全事故处理情况向社会公布管理办法（试行）；

（9）北京市社会影响较大的一般生产安全事故调查处理暂行规定；

（10）北京市生产安全事故调查处理工作程序；

（11）北京市生产安全事故现场勘验工作暂行规则；

（12）北京市城市运行领域生产安全事故统计规范；

（13）事故调查案件审议工作规则；

（14）北京市生产安全事故技术鉴定报告管理规定。

9.4.1 事故报告

事故发生后，事故现场有关人员以及接到事故报告的单位负责人应当按照《生产安全事故报告和调查处理条例》规定，向事故发生地区(县)安全生产监督管理部门和负有安全生产监督管理职责的有关部门报告。接报单位核实事故信息后，应当在 2h 内上报市生产安全事故应急指挥部办公室和和负有安全生产监督管理职责的有关部门。

安全生产监督管理部门和负有安全生产监督管理职责的有关部门上报事故情况，应当同时报告本级人民政府；必要时，可以越级上报。安全生产监督管理部门和负有安全生产监督管理职责的有关部门逐级上报事故情况，每级上报的时间不得超过 2h。

市生产安全事故应急指挥部办公室对于一般危险化学品事故信息，应及时报市应急办；发生较大以上危险化学品事故，市生产安全事故应急指挥部办公室、相关部门、事发地区县应急委要立即向市应急办报告。同时，市生产安全事故应急指挥部办公室需将详细信息报国家安全生产监督管理总局。

事故信息报告内容应包含事故发生的单位名称、时间、地点(设备或设施名称)；事故发生的初步原因；事故概况和处理情况；人员伤亡及撤离情况(人数、程度)；事故对周边自然环境影响情况，是否造成环境污染和破坏；报告人的单位、姓名和联系电话；续报相关情况。

事发单位要立即启动本单位事故应急救援预案，组织本单位应急救援队伍和工作人员营救受害人员，疏散、撤离、安置受到威胁的人员；控制危险源，标明危险区域，封锁危险场所，采取其他防止危害扩大的必要措施；向所在地政府及有关部门、单位报告。

危险化学品事故发生后，街道办事处、乡镇政府要立即组织人员以营救遇险人员为重点，开展先期处置工作；采取必要措施，防止发生次生、衍生事故，避免造成更大的人员伤亡、财产损失和环境污染。

以北京市为例，安全生产监督管理部门接到危险化学品事故报告后，应当根据《北京市生产安全事故报告和调查处理办法》规定的事故调查处理职责分工和事故的具体情况，及时通知同级公安、监察、人力资源和社会保障部门、总工会、负有安全生产监督管理职责的有关部门赶赴事故现场，组织开展事故调查。同时，邀请同级检察机关派人参与事故调查。

9.4.2 事故调查

(1) 事故调查分级负责

根据《生产安全事故报告和调查处理条例》规定，按照"政府统一领导，分级负责"原则，按事故严重程度组成调查组如图 9-5 所示，对事故进行调查和分析。

一般生产安全事故，由事故发生地所在区县安全生产监督管理部门组织成立事故调查组。

较大和重大生产安全事故，以及市人民政府要求成立市级调查组调查处理的一般生产安全事故，由市安全生产监督管理部门组织成立事故调查组。

(2) 事故调查组

根据事故的具体情况，事故调查组由有关人民政府、安全生产监督管理部门、负有安全生产监督管理职责的有关部门、人力资源和社会保障部门、监察机关、公安机关以及工会派人组成，并依法邀请人民检察院派人参加。

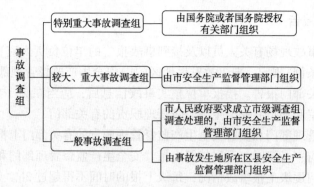

图 9-5　事故调查组的组成

事故调查组组长由安全生产监督管理部门负责人担任；市和区（县）人民政府直接组织事故调查的，事故调查组组长由负责事故调查的人民政府指定。

事故调查组成员单位应当委派 1 名主管领导和 1 名部门负责人参加事故调查组，并确保参加同一起事故调查的人员相对固定。需要变更人员的，应当事先与事故调查组组长单位沟通同意。

事故调查组成员单位在调查组组长统一领导下，应当按照下列分工开展调查工作，并在调查组范围内及时沟通事故调查情况和提供相关调查材料：

① 安全生产监督管理部门负责组织事故调查组履行事故调查的法定职责；代表事故调查组起草事故调查报告；依法报请本级人民政府批复结案；根据本级人民政府对事故调查报告的批复，负责落实本部门对事故责任单位、责任人员实施的行政处罚，监督事故责任单位对内部人员的处理和落实整改措施；负责事故调查处理相关新闻发布工作；负责事故调查处理相关文件的归档工作。

② 监察部门负责调查与事故有关的监察对象的行政责任，并提出对事故负有责任的监察对象和党员进行责任追究处理建议；对有关行政机关及其工作人员在事故调查处理工作中履行法定职责情况进行监督；将依职权做出的相关处理决定及时通报同级安全生产监督管理部门；在事故调查报告批复后，负责监督有关部门对监察对象和党员责任追究的落实；对不落实人民政府批复的有关行政机关及其工作人员，依法追究其行政责任。

③ 公安机关负责维护事故现场秩序；根据事故的情况，对涉嫌犯罪人员依法立案侦查，采取强制措施和侦查措施；犯罪嫌疑人逃匿的，应当迅速追捕归案；及时与事故调查组沟通调查情况。

④ 工会组织依法参与事故的调查处理工作，有权对侵害职工生命安全和健康权益的事故责任人提出处理意见；提出吸取事故教训、改善劳动保护条件的整改措施和建议。

⑤ 人力资源和社会保障部门负责事故中的工伤认定、劳动能力鉴定和工伤保险待遇核定等工作，处理涉及劳动争议的问题和案件。

⑥ 负有安全生产监督管理职责的部门负责事故相关单位涉及本行业有关安全生产法律、法规、规范、标准贯彻执行情况的调查取证；负责事故发生单位事故现场清理的监督检查工作；负责依法对事故相关责任单位、责任人员提出处理建议，以及事故调查报告批复后的落实工作，督促相关责任单位落实整改措施，并将处理决定文件及时通报同级安全生产监督管理部门。

事故调查组履行下列职责：

一是查明事故发生的经过、原因、人员伤亡情况及直接经济损失；

二是认定事故的性质和事故责任；

三是提出对事故直接责任单位、其他责任单位和责任人员的处理建议；

四是总结事故教训，提出防范和整改措施；

五是提交事故调查报告。

安全生产监督管理部门承担事故调查组的日常工作，并为事故调查组提供必要的工作条件。

事故调查组应当自事故发生之日起60日内提交事故调查报告；特殊情况下，经负责事故调查的人民政府批准，提交事故调查报告的期限可以适当延长，但延长的期限最长不超过60日。

（3）现场调查项目

① 现场处理。调查组进入事故现场进行调查的过程中，在事故调查分析没有形成结论之前，要注意保护事故现场，不得破坏与事故有关的物体、痕迹、状态等。当进入现场或做模拟试验需要移动现场某些物体时，必须做好现场标志，同时要采用照相或摄像的方式，将可能被清楚或践踏的痕迹记录下来，以保证现场勘察调查能获得完整的事故信息内容。

② 收集物证。对损坏的物体、部件、碎片、残留物、致害物的位置等，均应贴上标签，注明时间、地点、管理者；所有物体应保持原样，不准冲洗擦拭；对健康有害的物品，应采取不损坏原始证据的安全保护措施。

③ 现场记录。应做好以下方面的拍照：一是方位拍照，要能反映事故现场在周围环境中的位置；二是全面拍照，要能反映事故现场各部门之间的联系；三是中心拍照，反映事故现场中心情况；四是细目拍照，解释事故直接原因的痕迹物、致害物等；五是人体拍照，反映伤亡者主要受伤和造成死亡的伤害部位。

④ 绘制事故图。根据事故类别和规模以及调查工作的需要，绘出事故调查分析所必须了解的信息示意图，如建筑物平面图、剖面图，事故现场涉及范围图，设备或工、器具构造简图、流程图，受害者位置图，事故状态下人员位置及疏散（活动）图，破坏物立体图或展开图等。

⑤ 证人取证。尽快搜集证人口述材料，然后对人证材料的真实性进行考证，听取单位领导和群众意见。

⑥ 现场取证。收集与事故鉴别、记录有关的材料以及事故发生的有关事实材料。

事故调查程序如图9-6所示。

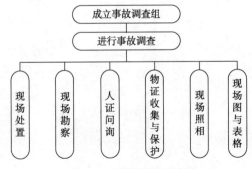

图9-6 事故调查程序

（4）事故调查报告

事故调查报告应当包括下列内容：事故发生单位概况；事故发生经过和事故救援情况；事故造成的人员伤亡和直接经济损失；事故发生的原因和事故性质；

事故责任的认定以及对事故责任者的处理建议以及事故防范和整改措施。

事故调查报告经事故调查组全体成员签字确认后，由事故调查组组长单位上报本级人民政府批复结案。

9.4.3 事故处理

事故调查报告报经本级人民政府批复后，事故调查组成员单位应当按照批复意见要求，依法落实对事故相关责任单位和责任人员的处理意见。

事故调查组成员单位对事故调查报告中涉及相关责任单位和责任人员行政许可资质等问题要进行行政处罚的，依管理权限无法直接实施处罚的，应当函达本系统有管理权限的机关实施处罚。事故调查组成员单位对事故调查报告的处理意见没有落实的，应当提出不予落实的具体意见和理由，向本级人民政府报告。安全生产监督管理部门应当在事故调查报告批复后，会同事故调查组有关部门，及时将生产安全事故调查处理情况向社会公布。

由生产经营单位负责组织调查的直接经济损失在 10 万元(含本数)以上 100 万元以下且未造成人员死亡或者重伤的一般事故，应当在规定的时限内完成事故调查处理工作，并在事故处理工作完成之日起 10 个工作日内，将调查处理情况报告事故发生地安全生产监督管理部门。

为严格追究生产安全事故发生单位及其有关责任人员的法律责任，正确适用事故罚款的行政处罚，依照《生产安全事故报告和调查处理条例》的规定，根据 2011 年 9 月 1 日《国家安全监管总局关于修改〈生产安全事故报告和调查处理条例〉罚款处罚暂行规定的决定》修订，国家安全监管总局制定并出台了《〈生产安全事故报告和调查处理条例〉罚款处罚暂行规定》。本规定明确了安全生产监督管理部门对生产安全事故发生单位及其主要负责人、直接负责的主管人员和其他责任人员等有关人员实施罚款的行政处罚规定。

为促进安全生产监督管理等部门及其行政执法人员依法履行职责，落实行政执法责任，县级以上安全监管监察部门及其内设机构、行政执法人员履行安全生产监管监察职责和实施行政执法责任追究，可依据《安全生产监管监察职责和行政执法责任追究的暂行规定》(总局第 24 号令)和《安全生产领域违法违纪行为政纪处分暂行规定》(监察部、国家安全监管总局第 11 号令)。

第10章　危险化学品经营企业安全监管检查表

本章以列表形式对危险化学品经营企业安全生产执法检查的共性要求、经营场所安全执法检查要求、加油站安全执法检查专业要求进行说明。

危险化学品经营企业安全生产执法检查共性要求见表10-1。

经营场所安全执法检查要求见表10-2。

加油站安全执法检查专业要求见表10-3。

表10-1　危险化学品经营企业安全生产执法检查共性要求

序号	检查项目	检查内容	检查要点	检查依据
1	安全组织机构	安全配备专职安全生产管理机构或者配备专职安全生产管理人员以及相关配备齐全	1. 危险物品的生产、经营、储存单位以及其他生产经营单位的，是否设置安全生产管理机构或者配备专职安全生产管理人员的配备是否按照国家或者本市有关规定执行。 2. 设置安全生产管理机构或者配备专职安全生产管理人员的职责是否明确。 2.1 提出安全生产工作计划并组织实施； 2.2 组织开展安全生产检查，督促消除生产安全事故隐患； 2.3 组织实施本单位安全生产应急救援演练； 2.4 督促本单位各部门履行安全生产职责，组织安全生产考核，提出奖惩意见； 2.5 依法组织本单位生产安全事故调查处理	《安全生产法》规定矿山、建筑施工单位和城市轨道交通运营单位、危险物品的生产、经营、储存单位，应当设置安全生产管理机构或者配备专职安全生产管理人员。其他生产经营单位，从业人员超过300人的配备专职安全生产管理人员或者按照国家或者本市有关规定配备专职安全生产管理人员。 新《安全生产法》第二十二条规定安全生产管理人员履行下列职责： (一)组织或者参与拟订本单位安全生产规章制度、操作规程和生产安全事故应急救援预案； (二)组织或者参与本单位安全生产教育和培训，如实记录安全生产教育和培训情况； (三)督促落实本单位重大危险源的安全管理措施； (四)组织或者参与本单位应急救援演练； (五)检查本单位的安全生产状况，及时排查生产安全事故隐患，提出改进安全生产管理的建议； (六)制止和纠正违章指挥、强令冒险作业、违反操作规程的行为； (七)督促落实本单位安全生产整改措施
2	安全生产责任制	生产企业应当建立、健全各级各岗位安全生产责任制。其中的各项职责落实的情况	1. 是否建立、健全各级领导、各类人员的岗位安全生产责任制和各职能部门的安全生产责任制。 2. 安全生产责任制是否明确全体人员的责任人员、责任内容和责任体系。 3. 责任制是否形成包括全体人员和全部单位的责任体系。 4. 责任制的编写是否符合本单位的实际，签发手续是否完备。 5. 现场检查落实的责任情况；相关人员是否了解掌握自身职责，安全生产责任制中的各项职责均得到落实，对责任制落实情况，安全生产责任制中的各项职责得到落实，对责任制落实未落实的考核情况，有记录	《安全生产法》规定建立、健全本单位安全生产责任制，组织制定本单位安全生产规章制度和操作规程，是生产经营单位的主要负责人的职责。

序号	检查项目	检查内容	检查要点	检查依据
3	安全生产管理制度	根据企业自身化工工艺、装置、设备、设施等实际情况，制定并完善安全生产规章制度	1. 检查是否具有以下管理制度，且内容齐全： 1.1 安全生产教育和培训制度； 1.2 安全生产检查制度； 1.3 生产安全事故隐患排查治理制度； 1.4 具有较大危险因素的生产经营场所、设备和设施的安全管理制度； 1.5 危险作业管理制度； 1.6 特种作业人员管理制度； 1.7 劳动防护用品配备和管理制度； 1.8 安全生产奖励和惩罚制度； 1.9 生产安全事故报告和调查处理制度； 1.10 其他保障安全生产的规章制度。 2. 制度的编写是否符合本单位的具体情况； 3. 管理制度的审批、签发手续是否完备； 4. 询问相关人员是否了解掌握安全管理制度情况； 5. 现场检查制度的执行情况	《安全生产法》规定： 生产经营单位应当制定下列安全生产规章制度： （一）安全生产教育和培训制度； （二）安全生产检查制度； （三）生产安全事故隐患排查治理制度； （四）具有较大危险因素的生产经营场所、设备和设施的安全管理制度； （五）危险作业管理制度； （六）特种作业人员管理制度； （七）劳动防护用品配备和管理制度； （八）安全生产奖励和惩罚制度； （九）生产安全事故报告和调查处理制度； （十）其他保障安全生产的规章制度
4	岗位操作安全规程	根据危险化学品的生产工艺、技术、产品、设备特点和原辅料、产品的危险性，编制岗位操作安全规程	1. 岗位操作规程的编写是否符合本单位的具体情况； 2. 岗位操作规程的审批、签发手续是否完备； 3. 询问相关人员是否了解掌握岗位操作安全规程情况； 4. 现场检查岗位操作安全规程的执行情况	《安全生产法》规定：建立健全安全生产责任制，制定安全生产规章制度和相关操作规程
5	安全教育	主要负责人、安全生产管理人员与从业人员具备与生产经营活动相适应的安全生产知识和管理能力	1. 危险物品的生产、经营、储存单位的主要负责人和安全生产管理人员，是否取得市安监局颁发安全生产知识和管理能力考核合格证书并在有效期内； 2. 特种作业人员是否经市主管部门专门的安全作业培训考核合格，取得特种作业操作资格证书并在有效期内，持证上岗； 3. 从业人员是否经安全生产教育和培训合格，持证上岗； 4. 查安全台账、档案	《安全生产法》规定：生产经营单位的主要负责人和安全生产管理人员必须具备与本单位所从事的生产经营活动相应的安全生产知识和管理能力的培训，具体培训和考核按照国家有关规定执行。 危险物品的生产、经营、储存单位以及从事危险作业的人员应当按照国家有关规定参加专门的安全作业培训，经培训合格方可上岗

序号	检查项目	检查内容	检查要点	检查依据
6	安全生产资金投入	企业应当按照国家规定提取与安全生产有关的费用，并保证安全生产所必须的资金投入	1. 企业是否保证安全生产投入。 2. 专项安全资金的使用是否有效实施。重点查上年度安全生产资金投入及本年度计划安全生产资金投入	《安全生产法》规定：生产经营单位的主要负责人对本单位安全生产工作负有下列职责：保证安全生产投入
7	安全评价	委托具备国家规定资质的安全评价机构进行安全评价，并按照评价报告的意见对存在的安全生产问题进行整改	1. 生产、储存危险化学品的企业是否对企业的安全生产条件每3年进行一次安全评价； 2. 安全评价报告所提出的安全生产条件存在的问题是否进行整改	《危险化学品安全管理条例》（国务院第591号令）第二十二条：生产、储存危险化学品的企业，应当委托具备国家规定的资质条件的机构，对本企业的安全生产条件每3年进行一次安全评价，提出安全评价报告。安全评价报告应当包括对安全生产条件存在的问题进行整改的方案
8	工伤保险	依法参加工伤保险	1. 企业是否依法参加工伤保险，为从业人员缴纳保险费。 2. 企业是否承担安全责任险	《安全生产法》规定：生产经营单位与从业人员订立的劳动合同中应当载明有关保障从业人员劳动安全、防止职业危害，以及依法为从业人员办理工伤保险的安全生产强制性保险事项
9	劳动防护用品	劳动防护用品的配备和使用符合国家标准和行业标准	1. 各岗位从业人员配备劳动防护用品的种类和型号是否符合国家标准或者行业标准的要求； 2. 劳动防护用品的购买和发放的记录是否齐全。查劳动防护用品发放记录及本人签字	《安全生产法》规定：生产经营单位应当按照国家有关规定，明确本单位各岗位劳动防护用品的种类和型号，为从业人员配备符合国家标准或者行业标准的劳动防护用品，不得以货币或货币形式或者其他物品替代。购买和发放劳动防护用品的情况应当记录在案
10	安全警示标志	安全警示标志符合要求	在有较大危险因素的生产场所和有关设施、设备上，是否设置明显的安全警示标志	《危险化学品安全管理条例》（国务院第591号令）第二十条：生产、储存危险化学品的单位，应当在作业场所和安全设施、设备上设置明显的安全警示标志

序号	检查项目	检查内容	检查要点	检查依据
11	危险化学品管理	首批重点监管的危险化学品及重点工艺符合标准要求	企业属于重点监管的危险化学品及重点工艺,是否采取首批重点监管的危险化学品安全措施和事故应急处置原则	国家安全监管总局关于公布首批重点监管的危险化学品名录的通知(安监总管三〔2011〕95号): 氯(液氯、氯气)、氨(液氨、氨气)、液化石油气、硫化氢、甲烷、天然气、原油、汽油(含甲醇汽油、乙醇汽油)、石脑油、氢、苯(含粗苯)、碳化钙、二氧化碳、一氧化碳、甲醇、丙烯腈、乙炔、环氧乙烷、氟化氢、硝酸、甲苯、氯化氢、三氯化磷、硝基苯、苯乙烯、氧化钠、环氧丙烷、氢(氢氰酸)、一氧化氮、乙烯、三氯化磷、硝基苯、苯胺、1,3-丁二烯、硫酸二甲酯、丙烯醛(2-丙烯醛)、乙二醇、甲醚、苯酚、二甲胺、苯、二氯乙烷、六氯环戊二烯、乙烷、环氧氯丙烷、异丙苯、磷化氢、氯甲基甲醚、三氟化硼、烯丙胺、氰酸甲酯、甲基叔丁基醚、乙酸乙酯、丙烯酸、硝酸铵、三氯氢硅、三氯甲烷、甲基肼、一甲胺、乙醛、硝基胍、氯甲酸三氯甲酯。 首批重点监管的危险化工工艺目录: 光气及光气化工艺、电解工艺(氯碱)、氯化工艺、硝化工艺、合成氨工艺、裂解(裂化)工艺、氟化工艺、加氢工艺、重氮化工艺、氧化工艺、过氧化工艺、胺基化工艺、磺化工艺、聚合工艺、烷基化工艺。
12	危化品登记及一书一签	企业应当依法进行危险化学品登记,为用户提供化学品安全技术说明书,并在危险化学品包装(包括外包装件)上粘贴或者拴挂与包装内危险化学品相符的化学品安全标签	1. 生产企业是否进行了危险化学品登记。 2. 化学品安全技术说明书,是否符合《化学品安全技术说明书编写规定》(GB/T 16483)的要求。 3. 化学品安全标签,是否符合《化学品安全标签编写规定》(GB 15258)的要求	《危险化学品生产企业安全生产许可证实施办法》(国家安监总局第41号令)第二十条:企业应当依法进行危险化学品登记,为用户提供化学品安全技术说明书

序号	检查项目	检查内容	检查要点	检查依据
13	安全检查	生产经营单位应对检查中发现的安全问题及时处理,并对检查及处理情况进行记录	1. 根据本单位生产经营活动的特点,是否对安全生产状况进行经常性检查。 2. 对检查中发现的安全问题是否及时处理。 3. 对检查及处理情况是否进行记录。 4. 记录是否符合规定的期限保存	《安全生产法》规定:生产经营单位应当根据本单位生产经营活动的特点,对安全生产状况进行经常性检查。检查及处理情况应当记录在案,并按照规定的期限保存
14	隐患排查治理	对安全生产状况进行定期检查,及时采取措施消除事故隐患	1. 对安全生产状况是否进行定期检查,及时采取措施以立即排除的事故隐患。 2. 事故隐患难以立即排除的,是否制定治理方案,落实整改措施、责任、资金、时限和预案	《安全生产法》规定:生产经营单位对本单位存在的生产安全事故隐患负全部责任,发现事故隐患的,应当立即消除;不能立即消除的事故隐患,应采取必要的安全措施,并及时向所在地的安全生产监督管理部门或者政府报告其他有关部门报告
15	危险化学品重大危险源管理	危险化学品重大危险源监督管理应符合国家标准要求	1. 是否对危险化学品生产、储存装置、设施或者场所进行重大危险源辨识; 对已确定的重大危险源,是否定期检测、评估、监控,并按照下列要求进行重大危险源应急预案演练: 1.1 对重大危险源专项应急预案,每年至少进行一次; 1.2 对重大危险源现场处置方案,每半年至少进行一次。 1.3 应急预案演练结束后,危险化学品单位应当对应急预案演练效果进行评估,撰写应急预案演练评估报告,分析存在的问题,对应急预案提出修订意见,并及时修订完善应急预案演练计划。方案和总结。 2. 是否有重大危险源安全评估报告或者安全评价报告和相关等级记录。重大危险源安全评估报告或者安全评价报告中有关重大危险源的内容是否包括九项内容: 2.1 评估的主要依据; 2.2 重大危险源的基本情况; 2.3 事故发生的可能性及危害程度; 2.4 个人风险和社会风险值(仅适用定量风险评价方法); 2.5 可能受事故影响的周边场所、人员情况;	《安全生产法》规定:生产经营单位应当按照国家有关规定将本单位重大危险源及有关安全措施、应急措施报有关地方人民政府安全生产监督管理部门和有关部门备案。 《危险化学品重大危险源监督管理规定》(国家安全生产监督管理总局令第40号)第七条 危险化学品单位应当对本单位的危险化学品生产、经营、储存和使用装置、设施或者场所进行重大危险源辨识,并记录辨识过程与结果。 第八条危险化学品单位对重大危险源应当进行安全评估并确定重大危险源等级。 第十条重大危险源安全评估报告应当客观公正、数据准确、内容完整,结论明确、措施可行,并包括下列内容:

序号	检查项目	检查内容	检查要点	检查依据
			2.6 重大危险源辨识、分级的符合性分析; 2.7 安全风险管理措施、安全技术和监控措施; 2.8 事故应急措施; 2.9 评估结论与建议。 3. 有六项情形之一的,危险化学品单位是否对重大危险源重新进行辨识、安全评估及分级: 3.1 重大危险源安全评估已满3年的; 3.2 构成重大危险源的装置、设施或者场所进行新建、改建、扩建的; 3.3 危险化学品种类、数量、生产、使用工艺或者储存方式及重要设备、设施等发生变化,影响重大危险源级别或者风险程度的; 3.4 外界生产安全环境因素发生变化,影响重大危险源级别和风险程度的; 3.5 发生危险化学品事故造成人员死亡,或者10人以上受伤,或者影响到公共安全的; 3.6 有关重大危险源辨识和安全评估的国家标准、行业标准发生变化的。 4. 是否对辨识确认的重大危险源及时、逐项进行登记建档。 4.1 是否报送所在地县级人民政府安全生产监督管理部门电子备案,是否在安全生产信息平台电子备案,检查系统给出的备案证书。 4.2 危险化学品单位是否更新档案,是否重新备案。 5. 一级或者二级重大危险源。 5.1 一级或者二级重大危险源,是否具备紧急停车功能; 5.2 记录的电子数据的保存时间不少于30天; 5.3 涉及毒性气体、液化气体、剧毒液体的安全仪表系统(SIS)危险源,是否配备独立的安全仪表系统(SIS); 5.4 重大危险源的监控设施是否符合AQ 3035—2010《危险化学品重大危险源安全监控通用技术规范》的要求;储罐区重大危险源安全监控装备是否符合AQ 3036—2010《危险化学品重大危险源罐区安全监控装备设置规范》的要求	法; (一)评估的主要依据; (二)重大危险源的基本情况; (三)事故发生的可能性及危害程度; (四)个人风险和社会风险值(仅适用定量风险评价方法); (五)可能受事故影响的周边场所、人员情况; (六)重大危险源辨识、分级的符合性分析; (七)安全管理措施、安全技术和监控措施; (八)事故应急措施; (九)评估结论与建议。 第二十二条危险化学品单位应当对辨识确认的重大危险源进行安全评估时,逐项进行登记建档。 第二十三条危险化学品单位在完成重大危险源安全评估报告或者安全评价报告后15日内,应当填写重大危险源备案申请表,连同本规定第二十二条规定的文件资料只需提供清单),报送所在地县级人民政府安全生产监督管理部门备案。 材料(其中第二款第五项规定的文件资料只需提供清单),报送所在地县级人民政府安全生产监督管理部门备案。 《危险化学品重大危险源安全监控通用技术规范》(AQ 3035—2010); 《危险化学品重大危险源罐区安全监控装备设置规范》(AQ 3036—2010)
15	危险化学品重大危险源管理	危险化学品重大危险源监督管理应符合国家标准要求		

序号	检查项目	检查内容	检查要点	检查依据
16	应急救援体系	建立健全完善的应急救援体系	1. 危险化学品事故应急救援预案编写是否符合国家和本市编制导则的要求；是否制定危险化学品泄漏、火灾、爆炸、急性中毒等事故应急救援预案； 2. 危险化学品事故应急救援预案是否及时修订和完善，是否正式发布实施；应急预案评审报告； 3. 危险化学品事故应急救援预案是否进行定期演练，是否定期组织演练，每年不得少于一次； 4. 应急救援器材、设备的配备是否齐全； 5. 应急救援器材、设备是否进行经常性维护、保养； 6. 应急救援器材、设备是否能保证正常运转； 7. 应急疏散通道是否符合要求（标志明显、出口保持畅通）； 8. 应急广播、应急照明设施是否完好、有效； 9. 发生事故的情况，主要负责人是否按照本单位危险化学品应急预案组织救援情况； 10. 向当地安全生产监督管理部门和环境保护、公安、卫生主管部门报告事故，配合政府进行救援情况	《安全生产法》规定：生产经营单位应当根据本单位生产经营的特点，制定生产安全事故应急救援预案，对生产经营活动中容易发生事故的领域和环节进行监控，建立应急救援组织或者配备应急救援人员，储备必要的应急救援设备、器材。 生产经营单位制定的生产安全事故应急救援预案主要包括下列内容： (一) 应急救援组织及其职责； (二) 危险目标的确定和潜在危险性评估； (三) 应急救援预案启动程序； (四) 紧急处置措施方案； (五) 应急救援组织的训练和演习； (六) 应急救援设备器材的储备； (七) 经费保障。 生产经营单位应当定期演练生产安全事故应急救援预案，每年不得少于一次
17	事故管理	事故"四不放过"管理	1. 查事故台账，事故报告和员工工伤认定情况； 2. 查事故的"四不放过"情况（"四不放过"：事故原因不查实不放过，员工得不到处理不放过，员工教育、原因不查清不放过），查事故措施落实、责任人处理、责任人认定情况和员工工伤认定情况；事故报告和员工工伤认定情况；事故措施不落实、事故原因不查清不放过，查事故措施落实、责任人处理、员工教育、事故原因同等记录或文件	

122

表 10-2 经营场所安全执法检查要求

序号	检查项目	检查内容	检查要点	检查依据
1	经营资质	实际经营方式、经营范围应符合许可要求	1. 是否具有危险化学品经营许可证，且在有效期内，是否有非法经营现象。 2. 实际经营方式和经营的危险化学品品种和类别是否经营许可证"经营方式"栏和"许可范围"栏内注明或载明的内容一致，是否有超范围经营的现象。 3. 实际经营的品种是否有易制毒化学品，并取得相应的许可证明，有无违法经营的现象。	《危险化学品安全管理条例》（国务院第591号令，下同）第三十三条： 国家对危险化学品经营（包括仓储经营，下同）实行许可制度。 《危险化学品经营许可证管理办法》（修订草案）第十五条： 经营许可证有效期一般为3年。 《危险化学品经营许可证管理办法》（修订草案）第十六条： 在经营许可证"经营方式"栏内注明"危险化学品经营"或"储存经营"或"仓储经营"。在经营许可证正本"许可类别"栏内，载明经营的危险化学品品种（带有储存设施的，还应当载明经营储存危险化学品品种、数量、储存方式及其最大储量）。 《非药品类易制毒化学品经营许可办法》（安监总局第5号令）第三条： 国家对非药品类易制毒化学品的生产、经营实行许可制度。对第一类非药品类易制毒化学品的生产、经营实行许可证管理，对第二类、第三类易制毒化学品的生产、经营实行备案证明管理。
2	经营场所	经营场所的选址、建筑物、经营面积和周边间距、专用仓库、危险化学品商品的存放及设备设施应符合相关法规或标准的规定	1. 经营场所位置是否符合交通便利、便于疏散的要求。 2. 经营场所建筑物是否符合《建筑设计防火规范》（GB 50016）等相关标准的要求。 3. 零售业务的店面与繁华商业区或居住人口稠密区是否保持500m以上距离。 4. 零售业务的店面经营面积（不含库房）是否不小于60m²，店面内是否有上设有生活设施。 5. 危险化学品是否储存在专用仓库、专用场地或者专用储存室（以下统称专用仓库）内，并由专人负责管理。	《危险化学品经营企业开业条件和技术要求》（GB 18265—2000）： 5.1 危险化学品经营企业的经营场所应坐落交通便利，便于疏散。 《危险化学品经营企业开业条件和技术要求》（GB 18265—2000）： 5.2 危险化学品经营企业的经营场所所在建筑物应符合GBJ 16（现为GB 50016）的要求。 《危险化学品经营企业开业条件和技术要求》（GB 18265—2000）：

序号	检查项目	检查内容	检查要点	检查依据
				5.4.1 零售业务的店面应与繁华商业区或居住人口稠密区保持500m以上距离。
				5.4.2 零售业务的店面面积(不含库房)应不小于60m²，其店面内不得设有生活设施。
			6. 批发业务经营场所是否存放危险化学品实物。	《危险化学品安全管理条例》(国务院第591号令)第二十四条：危险化学品应当储存在专用仓库、专用场地或者专用储存室(以下统称专用仓库)内，并由专人负责管理。
			7. 化工商店内是否存放单件包装质量大于50kg或容积大于50L的民用小包装的民用危险化学品是否超过1t。	《危险化学品经营企业开业条件和技术要求》(GB 18265—2000)：
			8. 建材市场经营场所是否存放危险化学品。	5.3 从事危险化学品批发业务的企业，所经营的危险化学品不得存放在业务经营场所。
2	经营场所	经营场所的选址、建筑物、经营面积和周边间距、专用仓库、危险化学品商品的存放及设备设施应符合相关法规或标准的规定	9. 零售业务的店面内危险化学品的摆放是否合理，禁忌物料是否无混放现象。	《危险化学品安全管理条例》(国务院第591号令)第三十六条：危险化学品商店内只能存放民用小包装的危险化学品。
			10. 零售业务的店面与存放危险化学品的库房(或罩棚)是否实墙相隔。单一品种存放量是否超过500kg，总质量是否超过2t。	6.1.3 化工商店内不应存放单件包装质量大于50kg或容积大于50L的民用小包装的危险化学品，其存放总质量应不大于1t。 《危险化学品仓库建设及储存安全规范》(DB 11/755—2010)：
			11. 零售店面备货库房是否根据危险化学品的性质或禁忌等不同方式进行储存采用隔离储存或隔开储存或分离储存。	6.2.1 建材市场的危险化学品经营场所内不应存放危险化学品。 《危险化学品经营企业开业条件和技术要求》(GB 18265—2000)：
				5.4.4 零售业务的店面内危险化学品的摆放应符合合理，禁忌物料不能混放。 《危险化学品经营企业开业条件和技术要求》(GB 18265—2000)：

序号	检查项目	检查内容	检查要点	检查依据
2	经营场所	经营场所的选址、建筑物、经营面积和周边间距、专用仓库、危险化学品商品的存放及设备设施应符合相关法规或标准的规定		5.4.7 零售业务的店面与存放危险化学品的库房（或罩棚）应有实墙相隔。单一品种存放量不能超过500kg，总质量不能超过2t。《危险化学品仓库建设及储存安全规范》（DB 11/755—2010）： 6.1.2 化工商店与自备仓库应有实墙相隔。 6.1.3 自备仓库存放总质量应不大于2t。 《危险化学品经营企业开业条件和技术要求》（GB 18265—2000）： 5.4.8 零售店面备货库房应根据危险化学品的性质与储存禁忌分离储存或隔开储存等不同方式进行储存
3	储存设施	储存设施、储存面积、储存方式、储存量等应符合相关法规或标准规定的规定	1. 储存危险化学品的经营企业，是否有符合国家标准、行业标准的储存设施。 2. 批发业务企业是否具备专用危险品仓库（自有或租用）。 3. 经营危险化学品的建材市场是否设立危险化学品仓库，每个经营单位（户）是否设立不小于10m²的危险化学品仓库。 4. 其他经营单位危险化学品总使用面积是否大于500m²。 5. 其他经营单位危险化学品仓库内的危险化学品储存量是否大于GB 18218中所列的危险化学品临界量的30%。 6. 危险化学品专用仓库是否设置明显的标志。储存剧毒化学品、易制爆危险化学品的专用仓库，是否按照国家有关规定设置相应的技术防范设施。 7. 是否符合《危险化学品安全管理条例》第二章关于储存危险化学品的规定和《常用危险化学品贮存通则》（GB 15603）的规定，储存剧毒危险化学品的规定，是否符合《石油化工可燃气体和有毒气体检测报警设计规范》（GB 50493）的规定。	《危险化学品安全管理条例》（国务院第591号令）第三十四条：从事危险化学品经营的企业应当具备下列条件：有符合国家标准、行业标准的经营场所，储存危险化学品的，还应当有符合国家标准、行业标准的储存设施。 《危险化学品经营企业开业条件和技术要求》（GB 18265—2000）： 5.3 从事危险化学品批发业务的企业，应具备经县级以上（含县级）公安、消防部门批准的专用危险品仓库（自有或租用）。 《危险化学品仓库建设及储存安全规范》（DB 11/755—2010）： 6.2.2 经营危险化学品的建材市场设立危险化学品仓库，仓库总使用面积应不小于200m²。每个经营单位（户）应设立不小于10m²的危险化学品仓库。 《危险化学品仓库建设及储存安全规范》（DB 11/755—2010）：仓库总使用面积应不大于500m²。 6.4.2 （其他经营单位）仓库总使用面积应不大于500m²。

序号	检查项目	检查内容	检查要点	检查依据
3	储存设施	储存设施、储存面积、储存量及标识等应符合相关法规或标准的规定	8. 危险化学品储存区域内是否堆积可燃性废弃物。 9. 泄漏或渗漏危险化学品的包装或容器现象。 10. 有无任意抛弃废危险化学品现象。 11. 有新建、改建、扩建危险化学品储存项目的，是否在危险化学品储存项目安全设施竣工验收合格之日起10个工作日内，向原发证机关提出变更申请	《危险化学品仓库建设及储存安全规范》（DB 11/755—2010）： 6.4.1 （其他经营单位）仓库内的危险化学品储存量应不大于GB 18218中所列的危险化学品临界量的30%。 《危险化学品安全管理条例》（国务院第591号令）第二十六条： 危险化学品专用仓库应当符合国家标准、行业标准的要求，并设置明显的标志。储存剧毒化学品、易制爆危险化学品的专用仓库，应当按照国家有关规定设置相应的技术防范设施。 《危险化学品经营许可证管理办法》（修订草案）第八条： 带有储存设施的企业除具备本办法第七条规定的条件外，还应具备以下条件： 符合《危险化学品安全管理条例》第二章关于储存危险化学品的规定和《常用危险化学品贮存通则》（GB 15603）的规定，储存易燃、易爆有毒易扩散危险化学品的，还应符合《石油化工可燃气体和有毒气体检测报警设计规范》（GB 50493）的规定。 《危险化学品经营企业开业条件和技术要求》（GB 18265—2000）： 7 废弃物处理 7.1 禁止在危险化学品储存区域内堆积可燃性废弃物。 7.2 泄漏或渗漏危险化学品的包装容器应迅速转移至安全区域。 7.3 按危险化学品特性，用化学方法处理废弃物品，不得任意抛弃，防止污染水源或环境。 《危险化学品经营许可证管理办法》（修订草案）第二十一条：

序号	检查项目	检查内容	检查要点	检查依据
3	储存设施	储存设施、储存面积、储存方式、储存量及标识等应符合相关法规或标准的规定		企业在经营许可证有效期内，有新建、改建、扩建危险化学品储存项目的，应当在危险化学品储存项目安全设施竣工验收合格之日起10个工作日内，向原发证机关提出变更申请，并提交相关文件、资料。见本办法第十二条、第十三条、第十四条的规定办理变更手续。
4	经营商品	经营商品的采购渠道、出入库管理、包装和标识、销售管理及剧毒品、易制爆危险化学品的管理应符合相关法规或标准的规定	1. 经营的商品是否从经许可从事危险化学品生产、经营活动的企业采购。 2. 经营的商品是否有符合国家标准的化学品安全技术说明书或者化学品安全标签。 3. 经营危险剧毒化学品、易制爆危险化学品。 4. 剧毒化学品、易制爆危险化学品以及储存数量构成重大危险源的其他危险化学品，是否在专用仓库内单独存放，并实行双人收发、双人保管制度。 5. 经营危险化学品的单位是否有危险化学品储存档案，是否建立危险化学品储存档案，档案内容是否齐全。 6. 入库的危险化学品出入库核查、登记制度，收货保管员是否严格按《危险货物包装标志》（GB 190）的规定验收或者入库的形式、包装、容器等，并做到账、货、卡相符。 7. 经营的危险化学品包装是否符合产品标准、行业标准、规章的规定以及国家标准、行业法律法规的要求。危险化学品包装的材质以及危险化学品包装的形式、规格、方法和单件质量（重量），是否与所包装的危险化学品的性质和用途相适应。	《危险化学品安全管理条例》（国务院第591号令）第三十七条： 危险化学品经营企业不得向未经许可从事危险化学品生产、经营活动的企业采购危险化学品，不得经营没有化学品安全技术说明书或者化学品安全标签的危险化学品。 《危险化学品安全管理条例》（国务院第591号令）第四十条： 危险化学品生产企业、经营企业销售剧毒化学品、易制爆危险化学品，应当查验本条第一款、第二款规定的相关许可证或者证明文件：即危险化学品使用许可证、民用爆炸物品生产许可证、剧毒化学品购买许可证或购买凭证出具的，不具有相关的购买许可证、剧毒化学品购买许可证或购买凭证的单位销售剧毒化学品、易制爆危险化学品的，应当按照向本条第一款、第二款规定的单位销售。对剧毒化学品购买许可证载明的品种、数量，禁止向个人销售剧毒化学品（属于剧毒化学品的农药除外）和易制爆危险化学品。 《危险化学品安全管理条例》（国务院第591号令）第二十四条： 剧毒化学品以及储存数量构成重大危险源的其他危险化学品，应当在专用仓库内单独存放，并实行双人收发、双人保管制度。 《危险化学品经营许可证管理办法》第七条：

序号	检查项目	检查内容	检查要点	检查依据
4	经营商品	经营商品的采购渠道、包装和标识，出入库管理，销售爆危险化学品易制毒管理及相关法规或标准的规定		建立完善剧毒化学品双人验收、双人保管、双人发货、双把锁、双本账等"五双"管理制度。《危险化学品安全管理条例》（国务院第591号令）第二十五条； 储存危险化学品的单位应当建立危险化学品出入库核查、登记制度。 《危险化学品仓库建设及储存安全规范》(DB 11/755—2010) 4.5.3 应建立危险化学品储存档案，档案内容至少包括：危险化学品出入库登记、库存危险化学品品种、数量，定期检查记录。 《危险化学品经营企业开业条件和技术要求》（GB 18265—2000）6.1.3 储存管理： 入库的危险化学品应符合产品标准，收货保管员应严格按GB 190的规定验收内外标志、包装、容器等，并做到账、货、卡相符。 《危险化学品安全管理条例》（国务院第591号令）第十七条： 危险化学品的包装应当符合法律、行政法规、规章的规定及国家标准、行业标准的要求。 危险化学品包装物、容器的材质以及危险化学品包装的形式、规格、方法和单件质量（重量），应当与所包装的危险化学品的性质和用途相适应。
5	经营人员	主要负责人和安全管理人员的资质、学历，经营人员的培训应符合相关法规或标准的要求	1. 企业主要负责人和安全管理人员是否具备本企业经营活动相适应的安全生产知识和管理能力，是否已依法参加安全生产培训，并经考核合格。查验资格证书。 2. 带有储存设施的企业是否配备专职安全管理人员。 3. 带有危险化学品储存设施且其储存数量构成重大危险源的企业，其安全管理人员是否具备国民教育化学工程类（或安全工程）中等职业教育以上学历或者化学工程类中级以上专业技术职称。 4. 查验培训记录，看其他从业人员是否依法经过安全教育和专业技术培训并经考核合格。	《危险化学品经营许可证管理办法》（修订草案）第七条： 企业主要负责人和安全管理人员必须具备与经营活动相适应的安全生产知识和管理能力，依法参加安全生产培训，并经考核合格。 《危险化学品经营许可证管理办法》（修订草案）第八条： 带有储存设施的企业除具备本法第七条规定的条件外，还应具备以下条件： 配备专职安全管理人员。 《危险化学品经营许可证管理办法》（修订草案）第八条：

序号	检查项目	检查内容	检查要点	检查依据
5	经营人员	主要负责人和安全管理人员的资质、学历或职称，经营人员的培训应符合相关法规规定或标准的要求	5. 经营剧毒物品企业的人员，是否经过县级以上（含县级）公安部门的专门培训，取得合格证书。 6. 仓库保管员是否经过岗前培训和定期培训，持证上岗。 7. 危险化学品仓库是否设有专职或兼职的危险化学品养护员，负责危险化学品的技术养护、管理和监测工作	带有危险化学品储存设施项目其储存数量构成重大危险源的企业，其安全管理人员还应具备国民教育本科化工化学类（或安全工程）中等职业教育以上学历或者化工化学类中级以上专业技术职称； 《危险化学品经营许可证管理办法》（修订草案）第七条： 其他从业人员经依法经过安全教育和专业技术培训并经考核合格； 《危险化学品经营企业开业条件和技术要求》（GB 18265—2000）： 4.3 经营剧毒物品的人员，除满足4.1、4.2要求外，还应经过县级以上（含县级）公安部门的专门培训，取得合格证书方可上岗。 《危险化学品经营企业开业条件和技术要求》（GB 18265—2000）6.1.3 储存管理： 危险化学品仓库应经过岗前和定期培训，持证上岗。 危险化学品仓库的保管员应设有专职或兼职的危险化学品养护员，负责危险化学品的技术养护、管理和监测工作
6	管理制度	安全生产责任制、岗位操作规程和各项安全管理制度应符合相关规定	1. 是否已制定下列安全管理规章制度并认真贯彻执行： 1.1 安全生产责任制度； 1.2 岗位操作安全规程； 1.3 化学品安全管理制度（包括防火、防爆、防中毒、防泄漏管理等制度）； 1.4 安全投入保障制度； 1.5 安全生产奖惩制度； 1.6 安全培训教育制度； 1.7 安全检查及隐患排查治理制度； 1.8 应急管理制度； 1.9 事故管理制度；	《危险化学品经营许可证管理办法》（修订草案）第七条：全员安全生产责任（包括安全生产责任制度、岗位操作安全规程、化学品安全管理制度（包括防火、防爆、防中毒、防泄漏管理等制度）、安全投入保障制度、安全生产奖惩制度、安全培训教育制度、应急管理制度、事故管理制度、安全检查及隐患排查治理制度、职业健康管理制度、安全管理制度及岗位安全操作规程）等的制订； 《危险化学品经营许可证管理办法》（修订草案）第八条： 带有危险化学品储存设施的企业除具备本办法第七条规定的条件外，还应具备以下条件： 建立完善变更管理制度；

序号	检查项目	检查内容	检查要点	检查依据
6	管理制度	安全生产责任制、岗位操作安全规程和各项安全管理制度应符合相关规定	1.10 职业健康管理制度； 1.11 安全管理制度； 1.12 岗位操作安全规程定期修订制度。 2. 带有储存设施的企业是否建立完善变更管理制度	
7	安全设施	经营场所和储存场所安全警示标志、消防内照明、事故照明设施、电气设备和输配电线路的设置应符合相关法规或标准的要求	1. 经营场所的安全警示标志是否完善。 2. 经营场所的消防应急救援设施是否完善。 3. 危险化学品仓库设置的灭火器数量和类型是否符合《建筑灭火器配置设计规范》(GB 50140)的要求。 4. 消防器材是否有专人管理、器材是否有圈占、埋压和挪用现象。 5. 危险化学品仓库内照明、事故照明设施、电气线路是否采用防爆型。 6. 危险化学品仓库应设置在仓库外，并应可靠接地、过载、触电、漏电保护设施、防潮保护设施	《危险化学品经营企业开业条件和技术要求》(GB 18265—2000)： 5.4.5 零售业务的店面内显著位置应设有"禁止明火"等警示标志。 5.4.6 零售业务的店面内应放置有效的消防、急救安全设施。 《危险化学品仓库建设及储存安全规范》(DB 11/755—2010)：4.3 安全措施 4.3.3 危险化学品仓库设置的灭火器数量和类型应符合 GB 50140 的要求。 《危险化学品经营企业开业条件和技术要求》(GB 18265—2000)6.3.1 安全设施 危险化学品仓库应根据经营规模的大小设置，配备足够的消防设施和器材，应有消防水源、消防管网和消防栓等消防水源设施。大型危险物品仓库应当设有专职消防队，并配有消防车。消防器材应当设置在明显和便于取用的地点，周围不准堆放物品和杂物。仓库设有消防设施、器材应有专人管理、负责检查、保养、更新和添置，器材严禁圈占、埋压和挪用。 对于各种消防设施，应保证完好有效。 《危险化学品仓库建设及储存安全规范》(DB 11/755—2010)：4.2 电气安全 4.2.1 危险化学品仓库内照明、事故照明设施，电气设备和输配电线路应采用防爆型。 4.2.2 危险化学品仓库内照明设施和电气设备的配电箱及电气开关应设置在仓库外，并应可靠接地，采取过压、过载、触电、漏电保护设施，采取防潮、防雨设施

序号	检查项目	检查内容	检查要点	检查依据
8	安全操作	装卸搬运危险化学品时劳动防护用品的配备、作业操作应符合相关标准的规定	1. 是否配备符合国家标准《个体防护装备选用规范》（GB/T 11651）要求的劳动防护用品。 2. 装卸、搬运危险化学品时，是否做到轻装、轻卸、无摔、碰、撞、击、拖拉、倾倒和滚动现象。 3. 装卸搬运有燃烧爆炸危险性危险化学品的机械和工具是否选用防爆型。 4. 装卸毒害品，易燃易爆品，腐蚀品，操作是否符合 GB 18265—2000 的规定	配备符合国家标准要求的劳动防护用品。 《危险化学品经营许可证管理办法》（修订草案）第七条： 《危险化学品仓库建设及储存安全规范》（DB 11/755—2010）：4.3 安全措施 4.3.6 装卸危险化学品时，应做到轻装、轻卸，严禁摔、碰、撞、拖拉、倾倒和滚动。 4.3.7 装卸搬运有燃烧爆炸危险性危险化学品的机械和工具应选用防爆型。 《危险化学品经营企业开业条件和技术要求》（GB 18265—2000）： 6.3.4 安全操作 a）装卸毒害品人员应具有操作毒害品的一般知识。操作时轻拿轻放，不得碰撞、倒置，防止包装破损、商品外溢。作业人员应佩戴相应的防毒面具或防毒口罩、手套、穿防护服。 作业中不得饮食，不得用手擦嘴、脸、眼睛。每次作业完毕应及时用肥皂、防护用具（或专用洗涤剂）洗净面部、手部，用清水漱口，防护用具应及时清洗，集中存放。 b）装卸易燃易爆品，操作中轻搬轻放，防止火花飞溅。各项操作不得使用能产生火花的工具，作业现场应远离热源和火源。 装卸易燃液体须穿防静电工作服。禁止穿带钉鞋。大桶不得在水泥化剂不得在水泥地面滚动。 c）装卸腐蚀品，操作人员应穿工作服，戴护目镜，胶皮手套、胶皮围裙等必需的防护用具。 操作时，应本着轻放，严禁背负肩扛，防止撞击磕碰和撞击。不能使用沾染异物和能产生火花和火源须远离热源和火源。

序号	检查项目	检查内容	检查要点	检查依据
8	安全操作	装卸搬运危险化学品时劳动防护用品的配备、作业操作应符合相关标准的规定		d) 各类危险化学品分装、开装、改装等应在库房内进行。 e) 在操作各类危险化学品时，企业应当在经营店面和仓库，针对各类危险化学品的性质，准备相应的急救药品和制定急救预案
9	分（灌）装作业	分（灌）装作业场所、安全防护操作，应符合法规或标准规定的规定	1. 分（灌）装作业是否有符合要求的专用厂房，是否有在露天操作的现象。 2. 是否根据分（灌）装的危险化学品的种类和危险特性，在作业场所设置相应的安全设施设备，并能正常使用。 3. 作业场所是否有防雷防静电设施。 4. 分（灌）装易燃易爆品厂房是否配置防爆型电器，开关是否设置在房外；是否使用防爆型操作工具。 5. 分（灌）装腐蚀性厂房结构是否经过防腐处理。 6. 分（灌）装有毒品厂房是否设置有效的通风装置和安全防护设施。 7. 作业场所是否配备足够数量的适用的灭火工具和材料，并保持正常状态。 8. 作业场所操作人员是否穿戴使用符合要求的劳动防护用品。 9. 在有毒性危害和酸碱腐蚀的分（灌）装作业场所是否设置淋洗器、洗眼器。 10. 作业场所是否设置与分（灌）装产品危险性质相适应的急救箱和应急用品。 11. 作业场所是否设置与分（灌）装产品危险性质相适应的监测监控和报警设施。 12. 分（灌）装作业场所是否设置明显的安全警示标志。 13. 分（灌）装后的成品是否有贴有安全标签并向买者提供安全技术说明书。 14. 作业场所是否有性质相抵的原料或成品。 15. 是否制定分（灌）装作业场所、设备、原料和成品的安全管理制度和分（灌）装作业安全操作规程。	《建筑设计防火规范》（GB 50016—2015）： 从事甲类和乙类分（灌）装作业的厂房的厂房耐火等级不能低于二级，丙类分（灌）装作业的厂房耐火等级不能低于三级。 《危险化学品安全管理条例》（国务院第591号令）第二十条： 生产、储存危险化学品的单位，应当根据其生产、储存危险化学品的种类和危险特性，在作业场所设置相应的监测、监控、通风、防晒、调温、防火、灭火、防爆、泄压、防毒、中和、防潮、防雷、防静电、防腐、防渗漏、防护围堤或者隔离操作等安全设施、设备，并按照国家标准、行业标准或者国家有关规定对安全设施、设备进行经常性维护、保养，保证安全设施、设备的正常使用。生产、储存危险化学品的单位，应当在其作业场所和安全设施、设备上设置明显的安全警示标志

序号	检查项目	检查内容	检查要点	检查依据
10	安全评价	安全评价应符合法规的规定	带有储存设施的企业是否依法进行安全评价	《危险化学品经营许可证管理办法》第八条：带有储存设施的企业除具备本办法第七条规定的条件外，还应具备以下条件：依法进行安全评价。《危险化学品安全管理条例》（国务院第591号令）第二十二条：生产、储存危险化学品的企业，应当委托具备国家规定的资质条件的机构，对本企业的安全生产条件每3年进行一次安全评价，提出安全评价报告。安全评价报告的内容应当包括对安全生产条件存在的问题进行整改的方案
11	应急管理	应急预案和演练、应急人员和器材的配备应符合法规的规定	1. 是否有符合国家规定的危险化学品事故应急预案并报安监部门备案。 2. 是否配备应急救援人员。 3. 是否有必要的应急救援器材、设备。 4. 是否定期组织应急救援演练	《危险化学品安全管理条例》（国务院第591号令）第三十四条：从事危险化学品经营的企业应当具备下列条件：有符合国家规定的危险化学品事故应急预案和必要的应急救援器材、设备；《危险化学品安全管理条例》（国务院第591号令）第七十条：危险化学品单位应当制定本单位危险化学品事故应急预案，配备应急救援人员和必要的应急救援器材、设备，并定期组织应急救援演练。危险化学品单位应当将其危险化学品事故应急预案报所在地设区的市级人民政府安全生产监督管理部门备案

表10-3 加油站安全执法检查专业要求

序号	检查项目	检查内容	检查要点	检查依据
1	站址选择和平面布置	站址选择、平面布置选择符合标准要求	1. 站址选择 1.1 加油站选址是否符合城镇规划，环境保护和防火安全的要求，并应选在交通便利的地方； 1.2 城市建成区内不应建一级加油站。 2. 平面布置 2.1 加油站内的油罐，加油机和通气管口与站外的建、构筑物的防火距离，以及加油站内设施之间的防火距离，是否符合国家相关规范； 2.2 加油站内道路路面不应采用沥青路面，单车道宽度不应小于3.5m，双车道宽度不应小于6m； 2.3 加油站罩棚是否采用非燃烧材料制作，有效高度不应小于4.5m； 2.4 加油岛应高出地面0.15~0.2m，宽度不应小于1.2m，加油岛上的罩棚支柱距岛端部不应小于0.6m	《汽车加油加气站设计与施工规范（2014年版）》（GB 50156—2012）： 4.0.1 加油加气站的站址的选择，应符合城镇规划、环境保护和防火安全的要求，并应选在交通便利的地方。 4.0.2 在城市建成区内不应建一级加油站和一级加气站及一级加油加气合建站。 4.0.4 加油站、加油加气合建站的油罐、加油机和通气管口与站外的建、构筑物的防火距离，不应小于表4.0.4的规定。 5.0.3 站区内停车场和道路应符合下列规定：单车道宽度不应小于3.5m，双车道宽度不应小于6m。 5.0.4 加油岛、加气岛及车加油、加气场地设置罩棚，罩棚应采用非燃烧材料制作，其有效高度不应小于4.5m。 5.0.5 加油岛、加气岛的设计应符合下列规定： 1. 加油岛、加气岛应高出停车场的地坪0.15~0.2m。 2. 加油岛、加气岛的宽度不应小于1.2m。 3. 加油岛、加气岛上的罩棚支柱距岛端部，不应小于0.6m
2	收、储、发油装置设备设施	收、储、发油装置设备设施符合标准要求	1. 油罐 1.1 汽油罐和柴油罐应埋地设置，严禁设在室内或地下室内； 1.2 油罐的人孔，应设操作井；人孔操作井设在行车道下面时，当油罐设在行车道以外， 1.3 埋地油罐操作井每周清理1次，做到无积水、无杂物、无锈蚀，操作井盖是否有防爆产生火花措施； 1.4 油罐盖是否有防爆油帽； 1.5 进出油管是否渗漏，垫圈完好密封牢固、连接牢固，密封口密严，闭合严密，阀门启闭灵活，无渗漏；	《汽车加油加气站设计与施工规范（2014年版）》（GB 50156—2012）： 6.1.2 加油站的汽油罐和柴油罐应埋地设置，严禁设在室内或地下室内。 6.1.5 油罐的人孔，应设操作井。人孔操作井设在行车道下面时，人孔盖宜设在行车道以外。 6.1.11 油罐的量油孔应设带锁的量油帽，量油帽下部的接合管宜向下伸至罐内距罐底0.2m处。 6.1.7 对埋在水源保护区内以及埋在地下建筑物上方的埋地油罐，应采取防渗漏扩散的保护措施，并应设置渗漏检测设施。

序号	检查项目	检查内容	检查要点	检查依据
2	收、储、发油装置设备设施	收、储、发油装置设备设施符合标准要求	1.6 油罐与露出地面的工艺管道应相互电气连接并做地； 1.7 有观测井的加油站应每日检查1次油罐周边有无油花，无观测井的应每周检查1次油罐周边有无渗漏现象。 2. 卸油口 2.1 每个油罐是否有标明所装油品的明显标识、标记；卸油口应安装可区别油品的异径接头； 2.2 油罐卸油口是否上锁； 2.3 加油站卸油静电接地端子是否距卸油口1.5m以上，并配备具有报警功能的异径接头，性能完好。 3. 输油管线 3.1 敷设管线是否用沙子填实；输油管线不得与电缆线沟敷设； 3.2 管线及各部件的连接法兰是否严密，做到无严重腐蚀、无渗漏； 3.3 油品输油管线禁止穿越站房； 3.4 地上油品管道始、末端和分支处的接地装置的接地电阻不大于30Ω（单独接地时）； 3.5 在爆炸危险区域内的输油管线上的法兰是否用金属线跨接（当法兰的连接螺栓不少于5根时，在非腐蚀环境下，可免跨接）。 4. 通气管 4.1 汽油罐与柴油罐的通气管是否分开设置；通气管的公称直径不应小于50mm； 4.2 管口是否高出地面4m及以上，通气管管口是否距建筑物的门窗4m及以上，沿建筑物墙（柱）向上敷设的通气管是否高出建筑物的顶面1.5m及以上，是否高出建筑物顶面2m，通气管口建筑的顶面1.5m及以上。 5. 加油机 5.1 加油机外观是否整洁无油污，运行正常，无渗漏； 5.2 加油机底部件是否用细沙填实，波纹管法兰、潜油泵拉断阀是否保持良好状态，每月对加油枪与加油机体之间行导通测试； 5.3 加油机外壳和电机接地是否保持良好状态，如发现沙土露出沙外，加油机各部件完好，线路整齐，无渗漏； 5.4 加油机内部电路与电脑控制区域应密封隔离，如发现密封不良应立即修复或更换；	6.2.8 加油站内的固定工艺管道宜采用无缝钢管。埋地钢管的连接应采用焊接。在对钢管有严重腐蚀作用的土壤地段埋地管道时，可选用耐油、耐土壤腐蚀、导静电的复合管材。 6.2.10 加油站内的工艺管道应埋地敷设。当埋地管道与管沟、电线沟和排水沟相交叉时，应采取相应的防护清施，除应符合5.0.8条的规定外，尚应符合下列规定： 6.2.14 油罐通气管的设置应符合下列规定： 1. 汽油与柴油管道应分开设置，应开设置。 2. 管口高出地面4m及以上。 3. 沿建筑物的墙（柱）向上敷设的通气管，通气管口与围墙的距离可适当减少，但不得小于2m。 4. 当采用卸油油气回收系统时，通气管口应高出地面1.5m及以上。 5. 通气管的公称直径不应小于50mm。 6. 通气管口应安装阻火器

135

序号	检查项目	检查内容	检查要点	检查依据
2	收、储、发油装置设施	收、储、发油装置设施符合标准要求	5.5 对加油机内部的电气密封是否每周检查，如发现密封不良应立即修复或更换。 6. 二次油气回收系统 6.1 真空泵无振动异常、温度异常，无积尘锈蚀、渗漏； 6.2 是否定期清理集液罐及罐井、阀门和法兰液面及渗漏，静电跨接完好； 6.3 设备附件跨接是否有效、螺栓紧固，法兰和阀门无渗漏	
3	附属设备设施	附属设备电气管理等符合标准要求	1. 电气管理 1.1 加油站的防雷防静电接地、电气设备的工作接地、保护接地及信息系统的接地等，宜共用接地装置，其接地电阻不应大于4Ω； 1.2 配线电缆金属外皮两端和保护钢管两端的接地的接地电阻不大于10Ω（单独接地时）； 1.3 加油站的信息系统（通讯、液位、计算机系统等）是否采用铠装电缆或导线穿钢管配线，配线电缆金属外皮两端，保护钢管两端均应接地； 1.4 加油站信息系统的配线电路首（电涌）保护器，未端与钢管电子器件相适应时，是否装设与电子器件相适应的过电压（电涌）保护器； 1.5 加油站内不得随意装接临时电气线路和备用装置； 1.6 爆炸危险区内电气装置是否符合整体防爆要求； 1.7 电气、线路是否完好无损，电气连接处是否采用专用接线头，紧密牢固。 2. 变配电间 2.1 加油站是否采用电压为380/220V的外接电源，供配电系统采用TN-S系统； 2.2 电缆金属外皮或电缆金属保护管两端均应接地。在供配电系统的电源端是否安装与设备耐压水平相适应的过电压（电涌）保护器； 2.3 配电柜是否保持整洁，无灰尘，无脱漆； 2.4 各部件连接螺栓是否紧固可靠，接地装置是否完好有效； 2.5 电气设备维修时，配电断开工作回路的开关是否悬挂警示牌； 2.6 配电柜为非密闭落地式时，配电间内应设置防小动物挡板，高度不得低于500mm；	《汽车加油加气站设计与施工规范（2014年版）》（GB 50156—2012）： 10.2.2 加油加气站的防雷接地、防静电接地，电气设备的工作接地、保护接地及信息系统的接地等，宜共用接地装置，其接地电阻不应大于4Ω。当各自单独设置接地装置时，油罐、液化石油气罐和压缩天然气储气瓶组的防雷接地装置的接地电阻、配线电缆金属外皮两端和分支处的接地的接地电阻不应大于10Ω；地上油品、液化石油气和天然气管道始、末端和分支处的接地的接地电阻不大于30Ω。 10.2.6 加油加气站的信息系统应采用铠装电缆或导线穿钢管配线。配线电缆金属外皮两端、保护钢管两端均应接地。 10.2.7 加油加气站的电子系统的配线电路首、末端与电子器件相连接时，应装设与电子器件耐压水平相适应的过电压（电涌）保护器。 10.1.6 加油加气站的电力线路宜采用电缆并直埋敷设。电缆穿越行车道部分，应穿钢管保护。 10.1.7 当电缆穿越或敷设电缆时，电缆沟内必须充沙填实，电缆沟内油品、液化石油气和天然气管道、热力管道不得与天然气管道敷设在同一沟内。

序号	检查项目	检查内容	检查要点	检查依据
3	附属设备设施	附属电气设备设施管理符合标准要求	2.7 电缆保护套管是否采用耐火套管，且保护套管两端是否接地，密封严密； 2.8 配电柜底部电缆管沟用细沙填实； 2.9 一次入户的配电柜(盘)下是否配置绝缘胶垫； 2.10 变配电间内应急照明灯，是否每周试验1次； 2.11 变配电间内不得存放杂物及与操作无关的物品； 2.12 配电室应设置或悬挂"禁止合闸"，"有电危险"，"正常运行"的警示牌。 3. 电气线路 3.1 加油站的电力线路宜采用电缆并直埋敷设；电缆穿越行车道部分，应穿钢管保护。 3.2 当采用电缆沟敷设电缆时，电缆沟内必须充沙填实；电缆不得与油品、液化石油气和天然气管道，热力管道敷设在同一沟内。 4. IC卡管控系统 4.1 IC卡系统的安装是否符合加油机整体防爆要求； 4.2 IC卡系统通讯电缆应屏蔽； 4.3 IC卡系统室外埋地通讯线路是否使用镀锌管穿管保护，并在加油机出口端高出地面100mm，端口密封，接地可靠，接地电阻值不得大于10Ω。 5. 消防器材 5.1 每2台加油机应设置不少于2只4kg手提式干粉灭火器1只6L泡沫灭火器（加油机不足2台按2台计算）； 5.2 地下储罐是否设置35kg推车式干粉灭火器1个，沙子2m³，加油加气合建站，是否按同级别的加油站配置灭火器和沙子； 5.3 一、二级加油站应配备灭火毯5块，沙子2m³； 5.4 变配电间，发电间是否各配置2kg二氧化碳灭火器2只； 5.5 消防灭火器材是否设置在明显和便于取用的地点； 5.6 灭火器是否定期检验换药，有更换检验记录和有效期标签：干粉灭火器每2年换药一次，二氧化碳灭火器每年称重一次； 5.7 灭火器保管良好，是否有专人负责定期检查，无锈蚀，胶管无开裂老化、喷嘴无堵塞，压力表指针处于正常范围。	9.0.10 加油加气站的灭火器材配置应符合下列规定： 1. 每2台加气机应设置不少于1只8kg手提式干粉灭火器或2只4kg手提干粉灭火器；加气机不足2台按2台计算。 2. 每2台加油机应设置不少于1只4kg手提式干粉灭火器和1只泡沫灭火器，加油机不足2台按2台计算。 3. 地上储罐应设35kg推车式干粉灭火器2个，当两种介质储罐之间的距离超过15m时，应分别设置。 4. 地下储罐应设35kg推车式干粉灭火器1个，当两种介质储罐之间的距离超过15m时，应分别设置。 5. 泵、压缩机操作间（棚）应按建筑面积每50m²设8kg手提式干粉灭火器1只，总数不应少于2只。 6. 一、二级加油站应配置灭火毯5块，沙子2m³；加油加气合建站按加油站级别的加油站配置灭火毯和沙子。 7. 其余建筑配置的灭火器材应符合现行国家标准《建筑灭火器配置设计规范》GB 50140—2005的规定

序号	检查项目	检查内容	检查要点	检查依据
4	安全标识	符合国家标准要求	1. 加油区进口和出口，是否设置进、出标识。 2. 加油站内是否设置安全警示牌，并置于醒目位置，固定牢靠。加油操作区是否设置防静电，禁止使用手提电话的告示牌	《危险化学品安全管理条例》（国务院令第591号）第二十条：生产、储存危险化学品的单位，应当在其作业场所和安全设施、设备上设置明显的安全警示标志
5	应急资源配置	应急管理符合国家标准要求	1. 是否结合加油站实际，制定专项应急预案。 2. 加油站每季度是否对防火、防溢油、防静电等应急预案进行1次应急演练；气象灾害、破坏性地震等应急预案是否每年进行1次应急演练	《中华人民共和国安全生产法》（2014版）：生产经营单位应当根据本单位生产经营的特点，制定生产安全事故应急救援预案，对生产经营活动中容易发生生产安全事故的领域和场所进行监控，建立应急救援组织或者配备应急救援人员，储备必要的应急救援设备、器材。 第七十七条 生产经营单位制定的生产安全事故应急救援预案主要包括下列内容： （一）应急救援组织及其职责； （二）危险目标的确定和潜在危险性评估； （三）应急救援预案启动程序； （四）紧急处置措施方案； （五）应急组织的训练和演习； （六）应急救援设备器材的储备； （七）经费保障。 生产经营单位应当定期组织演练生产安全事故应急救援预案，每年不得少于一次。
6	作业环境	站房和罩棚符合规定要求	1. 加油站内的站房和罩棚等建筑物是否采用避雷带保护，禁止在避雷带保护的建筑物上搭接电话线、临时用电线路等。 2. 加油站内爆炸危险区域以外的站房、罩棚等的灯具是否选用防爆型灯具。 3. 加油罩棚下的灯具应选用防护等级不低于IP44级的节能型照明电器。 4. 一、二级加油站、加油站及加油合气站合建站的营业室、休息室同等场所在规定间距内禁止使用明火电炉等易引起火灾的电器。营业室、罩棚处是否设置事故照明，应急照明灯每周试验1次	《汽车加油加气站设计与施工规范（2014年版）》（GB 50156—2012）： 10.2.5 当加油加气站的站房和罩棚需要直击雷时，应采用避雷带（网）保护。 10.1.9 加油加气物内的照明灯具，可选用非防爆型，但罩棚等建筑物内爆炸危险区域以外的站房，但罩棚下的灯具应选用防护等级不低于IP44级的节能型照明灯具。 10.1.3 一、二级油站、加油站及加油合气站合建站的营业室、罩棚、压缩机间等处，均应设置事故照明

序号	检查项目	检查内容	检查要点	检查依据
7	从业人员操作行为	从业人员操作行为达到规范的要求	1. 卸油作业 1.1 卸油是否采用密闭卸油方式,并在各接口处采设闷盖,闭合严密; 1.2 是否在卸油现场设置"正在卸油,严禁烟火"警示牌、警示线; 1.3 是否在卸油作业前应稳油15min以上后方可卸油,同时停止该罐加油作业; 1.4 防静电接地夹是否夹在油罐车专用导静电端子上; 1.5 卸油前是否备好消防器材,摆放在取用方便的位置; 1.6 卸油前加油站计量员是否监督油罐车司机将车辆钥匙取下,并切断油罐车总电源,拉好手刹; 1.7 卸油过程中加油站计量员、油罐车押运员全过程是否监督油罐车卸油作业现场做好安全监护,不得从事与卸油作业无关的事情; 1.8 是否在遇突发事件时立即停止卸油作业。 2. 加油作业 2.1 加油站作业现场每班是否均应有兼职有专职的安全员并佩带统一的安全员标志上岗; 2.2 站内严禁烟火;不准在加油现场使用手机; 2.3 站内严禁检修车辆、敲击铁器等易产生火花的行为; 2.4 员工工作期间是否穿着防火工作服; 2.5 机动车辆加油时是否熄火; 2.6 严禁向塑料容器内直接加注汽油。遇突发事件时应立即停止加油作业; 3. 特种作业 3.1 加油站是否对施工方的相关资质进行审核,确认无误后,与施工方签订安全协议,明确双方安全责任; 3.2 用火、用电、高处、破土、受限空间等作业前,针对作业内容,是否进行危害识别,制定相应的作业程序及安全措施; 3.3 是否按照规定要求,办理相应级别的作业许可证,符合安全规程; 3.4 特种作业人员是否持有有效"作业操作证",确保持证上岗	《中华人民共和国安全生产法》(2014版): 生产经营单位应当具备下列安全生产条件:建立健全安全生产责任制,制定安全生产规章制度和相关操作规程

序号	检查项目	检查内容	检查要点	检查依据
8	个体防护配备	职业卫生达到国家标准要求	1. 是否组织从事接触职业病危害作业的职工进行上岗前、在岗期间、离岗时的职业健康检查，建立职业病危害监护档案；对疑似职业病病人进行职业病诊断或者医学观察。 2. 是否定期开展职业场所职业危害因素检测。 3. 应发放防静电油电工作服等劳保用品，发放时是否进行登记，领取人应签字。 4. 是否根据加油站实际需要，配置必要的医疗药品	《中华人民共和国安全生产法》（2014版）：生产经营单位应当按照劳动防护用品的种类和型号，为从业人员配备符合国家标准或者行业标准的劳动防护用品，不得以货币形式或者其他物品替代。购买和发放劳动防护用品的情况应当记录在案
9	其他综合管理	组织机构、职责及管理制度齐备	1. 组织机构与职责 1.1 是否成立安全管理小组，职责明确，人员变动时及时变更记录，全体员工签订安全责任书。 1.2 站长与上级是否签订年度安全责任书。 2. 管理制度 是否建立并完善安全管理责任制、安全检查、隐患治理、教育培训、直接作业节环管理、消防管理、职业卫生、环境保护、事故管理、要害（重点）部位安全管理、承包商安全管理、巡回检查等管理规定。 3. 基础资料 是否建立并完善安全组织机构网络图、加油站平面布置图、消防器材布置图、主要设备设施的档案资料、安全环保设备及平面示意图、设备档案、应急预案、设备资料等。 4. 安全附件清单 5. 检测记录 是否建立并完善安全设备和安全附件（用）具、防雷防静电。 5.1 是否有绝缘工（用）具、特种设备、压力容器和压力管道、电气线路绝缘等检测记录。配备一些常用检测设备，如万用表、称重设备等。 5.2 加油站是否有"危险化学品经营许可证"、"成品油零售经营证"；加油机应经过当地技术监督部门检测，并有检测证明。 5.3 站长是否持有危险化学品安全生产管理资格证，员工应持有培训合格证或上岗证；专业操作人员（发电机操作人员、计量员）应持证上岗。	《危险化学品经营许可证管理办法》（修订草案）第八条：带有储存设施的企业除具备本办法第七条规定的条件外，还应具备以下条件：配备专职安全管理人员。 《危险化学品经营许可证管理办法》（修订草案）第七条：制定安全管理规章制度，至少包括：全员安全生产责任制度、岗位安全操作规程、化学品安全管理制度（包括防火、防爆、防中毒、防泄漏管理等制度）、安全投入保障制度、安全生产奖惩制度、应急管理制度、安全检查及隐患排查治理制度、安全教育培训制度、事故管理制度、职业健康管理制度、安全管理制度、岗位操作安全规程定期修订制度

序号	检查项目	检查内容	检查要点	检查依据
9	其他综合管理	组织机构、职责、及管理制度健全、齐备	6. 安全会议 每月应至少召开 1 次安全管理小组会议，每月应至少召开 1 次全员安全会议。 7. 安全检查 7.1 加油站每周是否组织 1 次安全检查。 7.2 重大节假日和季节变更时，加油站应组织有针对性的安全检查。 8. 教育培训 8.1 加油站是否对员工展开经常性的日常安全教育。 8.2 新上岗、转岗员工上岗前是否接受安全教育，并经考试合格方可上岗。 8.3 对外来施工人员是否在进场前进行安全教育，并经考试合格方可进场作业。 9. 隐患管理 9.1 岗位员工是否每年对所处环境、设施、设备和作业过程进行危害识别，并采取有效的防范措施；在作业条件和工艺发生变化时，应重新进行危害识别。 9.2 隐患整改是否有计划，严格按照"四定"要求落实，即定措施、定负责人、定资金来源、定完成期限。 9.3 自身无力整改的隐患是否及时上报；重大隐患在未整改前，是否采取可靠的防范措施	
10	直接作业环节管理	承包商管理应符合相关规定要求	1. 发包部门是否将施工、检修工程发包给资质等级与工程相适应的承包商。 2. 各工程部门发包时，是否在工程批文和评价等手续齐备后方可组织工程发包。 3. 业主单位与承包商签订工程合同时，是否签订安全协议，或在合同中制定涉及此工程项目的详细的安全条款。 4. 开工装置、罐区防火间距内按规定制定安全防范措施并制定应急措施的厂区、车间是否制定安全防范措施并制定应急措施。 5. 业主单位是否对承包商进行规定安全教育、车间级安全教育后方可施工；承包商进行安全技术交底后方可开工；发入厂区、在入厂证有效期内进入其他车间进行检修、施工时，是否重新进行车间级教育情况应记入台账。	国家安全监管总局《危险化学品从业单位安全生产标准化评审标准》安监总管三〔2011〕93 号发布 7.4 承包商 1. 建立合格承包商名录、档案（包括承包商资质资料、表观评价、合同等资料）； 2. 对承包商进行资格预审； 3. 选择、使用合格的承包商； 4. 与合格承包商签订安全协议； 5. 对作业过程承包商进行现场监督检查。 要向承包商作业现场安全交底，对承包商的安全作业规程、施工方案和应急预案进行审查

141

序号	检查项目	检查内容	检查要点	检查依据
		承包商管理应符合相关规定要求	6. 入厂证有效期不得超过半年，到期应再进行教育后办理。入厂证应注明个人基本情况、工种、特殊工种等信息。 7. 业主单位是否按规定将工程款的3%作为承包商的风险保证金，对承包商的违章行为进行处罚，并在风险保证金中扣除。工程结算后，工程管理部门方可支付工程款。 8. 业主单位是否按规定对本辖区内承包商的安全管理工作进行监督检查。	国家安全监管总局《危险化学品从业单位安全生产标准化评审标准》安监总管三〔2011〕93号发布 5.5 其他人员培训教育
10	直接作业环节管理	直接作业环节安全教育相关规定要求	1. 外来施工人员是否经过生产单位厂级安全教育，考试合格办理《入厂通行证》方可进入生产区。 2. 检修、施工人员是否经过生产单位车间级教育，考试合格后方可进入生产区域进行作业。 3. 每日作业前施工单位是否对施工人员进行安全技术交底。 4. 特种作业人员是否持证有效（每2年进行复审通过）《特种作业操作证》上岗作业。	3. 企业应对承包商作业人员进行入厂安全培训教育，经考核合格发放入厂证，作业现场应对施工单位进入作业现场前安全培训教育，保存安全培训教育记录
		直接作业环节管理相关规定要求	1. 检修、施工现场是否道路平整，消防通道畅通，机具、材料、临时设施摆放是否整齐、有序、合理，气焊带及各类施工管路等带是否整齐。严禁占用和堵塞安全通道。 2. 危险作业区如土方作业、起重作业、射线作业，夜间作业是否设置警示灯。 3. 施工现场的照明设施是否满足施工的安全需要，否则夜间严禁施工作业。 4. 氧气、乙炔、汽油、柴油、油漆等易燃易爆物品，严禁在施工现场随意堆放，是否存放在指定地点，并落实防火措施。 5. 与施工项目相关的工艺管线、下水井系统等，是否采取有效的隔离措施。 6. 进入施工现场的各种设备和机具，施工单位是否对其进行检查，合格后粘贴《检修机具合格证》。 7. 检修、施工作业中的边角余料和垃圾是否按规定放置在指定地点，及时清理，每日做到工完、料清、场地清。	国家安全监管总局《危险化学品从业单位安全生产标准化评审标准》安监总管三〔2011〕93号发布 7.2 警示标志 企业应按照 GB 16179 规定（现为 GB 2894），在易燃、易爆、有毒有害等危险场所设置符合 GB 2894 规定的安全标志； 4. 企业应在检维修、施工、吊装等作业现场设置警戒区域和安全标识，在检修现场的坑、井、洼、沟、陡坡等场所设置围栏和警示牌。 5. 对可能产生严重职业危害作业岗位的醒目位置，按照 GBZ 158 设置警示标识，同时设置警示告知牌，告知产生职业危害的种类、后果、预防及应急处置措施，作业场所职业危害因素检测结果等。 7.3 作业环节 5. 企业应保持作业环境整洁。

序号	检查项目	检查内容	检查要点	检查依据
		直接作业环节现场管理符合相关规定要求	8. 施工渣土严禁在施工现场随意倾倒和堆放，是否设置指定的渣土堆放场所。 9. 检修、施工人员的自行车是否停放在指定区域，严禁在施工区域随意停放。 10. 进入检修、施工现场的机动车辆作业完成后是否离开作业区域，停放在指定地点时，司机不得远离车辆，应随叫随到	
		直接作业环节劳动保护符合相关规定要求	1. 进入检修施工现场的各类人员是否按作业项目穿戴符合要求的工作服、安全帽，工作鞋。 2. 特种作业人员是否按要求做好特殊防护，作业人员是否要配备特殊防护用品。如安全防护面罩、护目镜、特殊防护服、手套、工作鞋等。 3. 粉尘、有毒作业场所是否戴防尘、防毒口罩。 4. 腐蚀性作业是否穿戴耐酸碱工作服、工作鞋，戴防护面罩，碎屑飞溅、强光作业是否戴护目镜。 5. 电工作业是否穿绝缘鞋	国家安全监管总局《危险化学品从业单位安全生产标准化评审标准》安监总管三〔2011〕93号发布 7.3 作业环节 企业应在危险性作业活动作业前进行危险、有害因素识别，制定控制措施。在作业现场配备相应的安全防护用品（具）及取消防设施与器材，规范现场人员作业行为。 8.3 劳动防护用品 1. 为从业人员提供符合国家标准或行业标准的个体防护用品和器具。 2. 监督、教育从业人员正确佩戴，使用个体防护用品和器具
10	直接作业环节管理	用火管理符合相关标准要求	1. 用火作业是否持有效的《用火作业许可证》。包括：各种焊接、切割和其他明火作业；接临时电源和使用非防爆电气设备，机具；爆破和锤击，喷砂作业等易产生火花作业；机动车辆进入施工现场。一张用火票只限一处用火，实行一个用火地点，一张用火许可证，一名用火监护，不得一张用火票进行多处用火。 2. 是否严格执行"三不动火"原则，用火人对违反"三不动火"原则的行为有权拒绝用火。 3. 用火许可证是否按规定填写，明确具体的用火部位。 4. 用火前是否进行用火分析，合格后方可签发《用火许可证》。许可证上的动火和实际动火人要一致。	国家安全监管总局《危险化学品从业单位安全生产标准化评审标准》安监总管三〔2011〕93号发布 6.6 检维修 3. 企业在进行检维修作业时，应执行下列程序： (1) 检维修前： 1) 进行危险、有害因素识别； 2) 编制检维修方案； 3) 办理检维修手续； 4) 对检维修人员进行安全培训教育； 5) 检维修前对安全控制措施进行确认； 6) 为检维修作业人员配备适当的劳动保护用品；

序号	检查项目	检查内容	检查要点	检查依据
10	直接作业环节管理	用火管理符合相关标准要求	5. 监火人在监火时是否佩戴明显标志，用火点是否悬挂小旗以标识，是否配备相应的灭火器材，监护人离开时是否随身携带用火作业许可证备查。 6. 是否清除用火点周围一切可燃物，有效覆盖、隔离下水井、管沟、排水沟、电缆沟等，防止可燃气窜入用火点周围。 7. 用火现场是否按规定配置消防器材，并保持消防道路畅通。 8. 施工完毕，是否存仔细检查清理现场，防止火花飞溅，熄灭火种，切断电源后方可离开。同一动火区域不应同时进行可燃溶剂清洗和喷漆等作业。 9. 高处用火时，气瓶等是否采取可靠的防护措施，并对其下方的可燃物、易燃物、机械设备、电缆、管线等是否做好措施；与高处用火点相对应的地面是否有专人巡视。 10. 电、气焊，临时用电作业者是否持有效的本岗位特种作业证。 11. 电焊机是否摆放在通风、防雨、防晒环境中，导线裸露部分在屏护罩内。 12. 在闷热、潮湿、小空间或金属容器内进行电焊作业时，是否有防护措施，操作时脚下是否垫干燥木板，不得赤手换焊条，或将焊钳挟在腋下去搬去工作。 13. 电焊回路线是否连接在焊件上，焊把线和二次线是否无破损，不得穿过下水井或与其他设备搭接；焊机的一次线长度一般不超过5m。 14. 电焊把线、回路线过道路时，是否有保护措施。 15. 焊接电缆通过道路时，用火点与高或采取其他保护措施。 16. 气焊作业时，用火点距离至少5m，乙炔气瓶严禁卧放。 17. 单个使用的气瓶在垂直竖立时要有固定措施。 18. 严禁乙炔瓶和氧气瓶混装和混放。 19. 气瓶使用前，尤其乙炔瓶和氧气瓶在使用前，胶带与瓶嘴的接口处，是否用卡子卡紧。严禁用铁丝捆绑，防止漏气着火。 20. 各种气瓶的防护圈和瓶帽是否齐全，严禁在地面上滚运。在高温季节里，气瓶严禁在阳光下直接暴晒，要有遮盖措施	7) 办理各种作业许可证。 (2) 对检维修现场进行安全检查。 (3) 检维修后办理检维修交付生产手续。 7.1 作业许可 企业应对下列危险性作业活动实施作业许可管理，严格履行审批手续，各种作业许可证中应有危险、有害因素识别和安全措施内容： (1) 动火作业； (10) 其他危险性作业

序号	检查项目	检查内容	检查要点	检查依据
10	直接作业环节管理	临时用电符合相关规定要求	1. 在生产装置、罐区等易燃易爆场所接临时电源时，是否办理《用火作业许可证》。 2. 临时用电的施工和维护，是否由持有有效的《电工作业操作证》的人员担任。 3. 临时用电单位，不得变更地点和工作内容。 4. 进入现场的施工机具是否经检验合格加贴合格证后方可使用，老化、绝缘裂纹等现象，严禁带电部分进行施工和维护人。 5. 在靠近带电部分进行施工时是否设置监护人。 6. 施工现场用电线路是否采用绝缘良好的软导线或电缆，不得有破皮、老化、漏电、绝缘裂纹等现象。电缆线路是否考虑避免机械损伤和介质腐蚀，在施工现场不低于2.5m，穿越机动车道不低于5m。 7. 低压架空线路是否采用绝缘导线，最大弧垂与地面距离，在施工现场不低于2.5m，穿越机动车道不低于5m。 8. 电源线路不得在地面上拖拉或将电源线直接挂在树上，金属设备、构件和钢脚手架上，或用金属丝绑扎电缆（线）。电线通过马路及易损破坏处应加设钢质套保护。 9. 严禁将电线芯直接插入插座或将芯线挂在电源开关上，金属设备、构件和钢脚手架上。露天开关是否安装，应切断电源并将电缆芯线绝缘。严禁将电线芯线挂在电源开关上，露天开关是否安装，应切断电源并将接线头绝缘。照明灯间内，不能留有带电电线，如电线盒是否能保留，应切断电源并将线头处绝缘。 10. 电线（电缆）、软线、电焊把线不得与钢丝绳绞在一起。 11. 电缆接头是否设在接线盒内，接线盒是否能防雨、防损伤。 12. 现场临时用电配电箱、箱要有编号，是否有防雨措施，盘、箱、门是否能齐全关闭；现场的开关箱、开关柜是否加锁。 13. 施工现场用电网络均应采用三级漏电保护装置。 14. 移动工具、手持式电动工具的漏电外壳、手柄、导线、插头、开关等是否完好无损。线路末端用电设备的开关每台采用一机一闸一保护，容量为20kV·A以内三相动力设备，照明线路和手持电动工具等一般可采用领定漏电动作电流不超过30mA，最大分断时间不大于0.1s的动力设备，一般可选用漏电动作电流不超过50mA，最大分断时间不大于0.1s的漏电保护器。	国家安全监管总局《危险化学品从业单位安全生产标准化评审标准》安监总管三〔2011〕93号发布 6.6 检维修 3. 企业在进行检维修作业时，应执行下列程序： （1）检维修前： 1）进行危险、有害因素识别； 2）编制检维修方案； 3）办理工艺、设备设施交付检修手续； 4）对检维修人员进行安全培训教育； 5）检维修前对安全控制措施进行确认； 6）为检维修作业人员配备适当的劳动保护用品； 7）办理各种作业许可证。 （2）检维修现场应实行安全检查。 （3）检维修后办理检维修交付生产手续。 7.1 作业许可 企业应对下列危险作业活动实施作业许可管理，各种作业许可证中应有危险、有害因素识别和安全措施内容： （4）临时用电作业； （10）其他危险作业。

序号	检查项目	检查内容	检查要点	检查依据
		临时用电符合相关规定要求	15. 现场用 220V 的照明线路，是否绝缘良好，布线整齐且目应固定和经常检查维修。照明灯具悬挂高度应在 2.5m 以上，如低于 2.5m 时，是否设保护罩，且不得任意挪动使用。	国家安全监管总局《危险化学品从业单位安全生产标准化评审标准》安监总管三〔2011〕93号发布
			16. 行灯电压不得超过 36V，且行灯应带有金属保护罩；在特别潮湿的场所或塔、金、槽、罐等金属设备内作业时，行灯电压不得超过 12V；在易燃易爆区域，使用防爆型安全行灯。	
			17. 铁房子、休息室内的照明线是否用像皮软线，并设漏电保护开关，灯泡功率不大于 10CW，穿过房间铁房子内壁上应套上绝缘保护管，保护管距铁房子内壁不小于 2.5cm。	
10	直接作业环节管理	进入受限空间符合相关准标准要求	1. 进入受限或深闭、半密闭设施及场所的施工作业是否办理《进入受限空间作业许可证》。	6.6 检修 3. 企业在进行检修作业时，应执行下列程序： 检修前： (1) 进行危险、有害因素识别； 1) 编制检修方案； 2) 办理检修作业手续； 3) 对检修设备交付检修进行确认； 4) 对检修人员进行安全培训教育； 5) 检修前对安全措施进行确认； 6) 为检修作业人员配备适当的劳动保护用品； 7) 办理各种作业许可证。 (2) 对检修现场进行安全检查。 (3) 检修后办理检修作业交付生产手续。 7.1 作业许可 企业应对下列危险性作业活动实施作业许可管理，严格履行审批手续，各种作业许可证中应有危险、有害因素识别和安全措施内容： (2) 进入受限空间作业； (10) 其他危险性作业
			2. 作业监护人和作业负责人是否随身携带《进入受限空间作业许可证》当日有效，作业中断 4h 以上时，需要重新办理。	
			3. 基层单位与施工单位现场安全负责人是否对作业人员进行必要的安全教育。	
			4. 作业前，并指派作业监护人；施工作业负责人是否向施工作业所属单位和设备所属单位一单位交底，监护人应具备必要的应急处理能力。	
			5. 作业前，是否逐条落实合格后方可进入。	
			6. 进入有残渣、填料、吸附剂、催化剂、活性炭等有有害介质的受限空间，作业人员是否穿戴防静电服或使用防爆工具。	
			7. 受限空间内时对氧含量、可燃气、有毒有害等有毒介质进行一次分析，必要时是否采取强制通风或佩戴空气呼吸器。	
			8. 受限空间内通风良好，要检查气密性，应防止长管被挤压，吸气口应置于上风口，并有人监护。必要时打开通风孔进行自然通风，受限空间出入口通道无障碍物阻，不得有阻碍通道，便于人员出入和疏散。	

序号	检查项目	检查内容	检查要点	检查依据
		进人受限空间符合相关标准要求	9. 所要进人的设备是否作好工艺处理，所有与设备相连的管线、阀门是否加盲板断开，并对该设备进行吹扫、蒸煮、置换合格。不得以关闭阀门代替盲板，盲板应挂标示。 10. 带有搅拌器等转动部件的设备，是否在停车停机后切断电源办理停电手续后，在开关上挂"有人检修、禁止合闸"标示牌。必要时设专人监护。在进人受限空间作业期间，严禁与该类设备相关的试车、试压或试验工作及活动。 11. 作业监护人在作业期间，不得离开现场，离开现场时，应停止作业。 12. 进人金属容器（炉、塔、釜、罐等）和特别潮湿、工作场地狭窄的非金属容器内作业照明电压不大于12V；当需用电动工具或照明电压大于12V时，是否按照规定安装漏电保护器，其接线箱（板）严禁带入容器内使用。 13. 当作业环境原来盛装爆炸性液体、气体等介质的，则应使用防爆电筒或防爆安全行灯，行灯变压器不应放在易燃易爆受限空间或金属容器内。电压不大于12V的防爆安全行灯，金属容器内。 14. 作业监护人是否清点出人受限空间作业人数和工具数量，发现异常，是否及时即停止作业，并立即采取应急措施。 15. 进人受限空间作业涉及动火、临时用电、高处作业等作业时，是否办理相应的作业许可证。	
10	直接作业环节管理	高处作业符合相关标准要求	1. 施工单位进行高处作业时，是否办理《高处作业许可证》。 2. 特殊高处作业是否制定作业方案和安全技术措施。特殊高处作业包括：因事故或灾害需要进行的五级以上强风、雨、雪、雷电、大雾等露天高处作业和带电、异温、悬空、抢救等高处作业。 3. 高处作业人员是否系好安全带，戴好安全帽，衣着要灵便，是否穿防滑鞋，安全带是否无破损。 4. 安全带是否系在高处作业处上方的牢固构件上，高挂（系）低用，不得系挂在有尖锐棱角的部位。严禁将绳子捆在腰部代替安全带；上方无固定点时，可采用低于腰部水平系住空。挂在有尖锐棱角的部位，禁止穿硬底和带钉易滑的鞋，禁止用低于腰部水平系挂方法。但下部应有足够净空。	国家安全监管总局《危险化学品从业单位安全生产标准化评审标准》安监总管三〔2011〕93号发布 6.6 检维修 3. 企业在进行检维修作业时，应执行下列程序： (1) 检维修前： 1) 进行危险、有害因素识别； 2) 编制检维修方案； 3) 办理工艺、设备设施交付检维修手续； 4) 对检维修人员进行安全培训教育；

序号	检查项目	检查内容	检查要点	检查依据
10	直接作业环节管理	高处作业相关标准要求符合	在钢结构上、管廊管道上设有脚手架又无法系住安全带的高处作业，是否采取确实安全水平绳措施，给作业人员提供可系挂安全带的地方，否则严禁高处作业。 5. 在道路和设备、设施上方或上下交叉作业区域内有坠落可能的高处作业，是否按规定要求挂设安全网。 6. 所有可能发生高处坠落的平台周边、孔、洞、坑沟，是否有固定地护板、护栏等防护设施。 7. 高处作业严禁上下投掷工具、材料和杂物等，高处放置的材料和物品是否有固定措施，工具应放入工具套（袋）内，有防止坠落的措施，必要时要设安全警戒区，并设专人监护。 8. 高处作业完后余下的边角余料和垃圾是否及时清理下来，防止坠物伤人。 9. 作业人员不得在高处作业不牢固的结构物上、平台边缘、孔洞边缘、通道、安全网内休息。 10. 30m以上的特级高处作业时，是否配备性能完好的通讯设备，保持与地面的联系；夜间高处作业应有充足的照明。 11. 高处作业与架空电线应保持规定的安全距离。当安全距离不足时，是否采取可靠的安全措施。 12. 高处作业涉及用电、临时用电、动火、进入受限空间等作业时，是否办理相应的作业许可证。 13. 脚手架的安装、修改或拆除作业人员是否持有效的《特种作业资格操作证书》，持证上岗，搭设人员是否符合安全规范要求，并按照批准的施工方案进行大型和特殊脚手架施工方案，严禁独立操作。 14. 禁止使用有严重缺陷的扣件和连接件。 15. 钢制脚手板不得有严重锈蚀、弯曲、压扁或裂缝的钢管，禁止使用有脆裂、变形和裂缝等严重损坏的钢管；搭设脚手板时，宜用8号镀锌铁丝，两端是否捆绑牢固。 16. 脚手架搭设、拆除应符合以下要求： 16.1 脚手架搭设、拆除过程中，附近和下方不得有人作业和通行，非作业人员不得入内，作业区域应设置警戒区，设专人监护；	5）检维修前对安全控制措施进行确认； 6）为检维修作业人员配备适当的劳动保护用品； 7）办理各种作业许可证。 （2）对检维修现场进行安全检查。 （3）检维修后办理检维修交付生产手续。 7.1 作业许可 企业应对下列危险性作业活动实施作业许可管理，严格履行审批手续，各种作业许可证中应有危险、有害因素识别和安全措施内容： （5）高处作业； （10）其他危险性作业。

148

序号	检查项目	检查内容	检查要点	检查依据
		高处作业符合相关标准要求	16.2 在搭设、拆除脚手架过程中，如脚手板、杆末绑扎或已拆开绑扣，不得中途停止作业，拆除时应一次全部拆完； 16.3 脚手架的搭设间距应符合行业标准的有关规定；搭拆除脚手架时，作业人员、架杆及作业面与电线安全距离，不足时，应切断电源或采取可靠的安全措施； 16.4 脚手架的基点和依附构件（物体）保持牢固可靠，地基应平整坚实，严禁用砖石垫脚手架的基点；从地面搭设时，地基应平整坚实，严禁用砖石垫脚手架的基点； 16.5 脚手架不得从下而上逐渐扩大，形成倒搭式结构；脚手架整体应稳定牢固，不得摇摆晃动； 16.6 从地面或操作平台面至脚手架作业面，应有上下梯子和通道； 16.7 脚手架面脚手板应满铺，绑扎应牢固，探头板的长度不得大于300mm；使用中的脚手板上的脚手板最小不能少于2块（500mm宽）； 16.8 作业面面积应满足作业要求，作业面四周应设高度不小于1m的双层护杆周围；当作业面周围无合适的安全措施位置时，还应专设安全带挂设处； 16.9 脚手架的走道和平台平台外侧，设置180mm高的踢脚板； 16.10 施工现场严禁使用单面脚手架； 16.11 在脚手架下或近处挖土时，应先加固脚手架； 16.12 脚手架在使用过程中，不得随意拆除架杆和脚手板，更不得局部切割和损坏； 16.13 脚手架使用完毕应及时拆除。临时性脚手架，采取先搭后拆，后搭先拆的顺序，不准上下同时作业；严禁整排拉倒脚手架； 16.14 拆除时，按顺序由上而下，采取先搭后拆，后搭先拆的顺序，不准上下同时作业；严禁整排拉倒脚手架； 16.15 拆下的架杆、连接件、跳板等材料，应用溜放，严禁向下投掷	
10	直接作业环节管理	起重作业符合相关标准要求	1. 起重作业指挥人员、司索人员（起重工）和重机械操作人员是否持有有效的《特种作业人员操作证》持证上岗。 2. 大中型设备、构件、特殊天气条件下的吊装作业及在开工装置和高压线路周围等进行吊装作业时，是否编制施工方案、施工安全措施和应急预案。大型为100t以上；中型为40～100t；小型为40t以下。 3. 起重作业前施工单位是否向参加起重吊装的人员进行技术交底并记录存档。	国家安全监管总局《危险化学品从业单位安全生产标准化评审标准》安监总管三〔2011〕93号发布 6.6 检维修 3. 企业在进行检维修作业时，应执行下列程序： （1）检维修前： 1）进行危险、有害因素识别；

序号	检查项目	检查内容	检查要点	检查依据
10	直接作业环节管理	起重作业符合相关标准要求	4. 起重机械是否按照国家标准规定进行日检、月检和年检。 5. 自制、改造和修复的吊具、索具等简易起重设备，是否有设计资料（包括图纸、计算书等），并应有存档资料。 6. 轮式起重机是否配备专用钢板或枕木，作为吊车支腿的垫板。 7. 吊车支腿须远离地下井、管沟、涵洞、地下管线、挡土墙等易损构筑物。 8. 轮式起重机作业时，吊装作业现场是否用警戒绳设置警界区域，挂牌警示，并派人看护，严禁非作业人员入内。 9. 卷扬机作业是否由专人操作，专人指挥，钢丝绳穿越通道时是否有专人看管。 10. 用倒链进行吊重作业时，严禁用工艺管线等生产设施作固定点。 11. 起重作业前是否检查作业环境、地面附着情况，起重机械与地面物件无连接或垫基木的设置情况，吊索具无缺陷，捆绑正确牢固，被吊物与其他物件无连接。 12. 是否检查确认起重机械作业时或作业点静置时各部位活动空间范围内没有带电在用的电线、电缆和其他障碍物。 13. 起重机械及其臂架、吊具、辅具、钢丝绳、缆风绳和吊物，是否按规定保持足够的安全距离。起重作业区域内输电电线路近旁作业时，是否明确指挥人员，指挥人员应佩戴明显的标志，严格按照指挥信号、旗语、手势和哨音规范进行指挥操作。 14. 起重作业时是否明确指挥人员，指挥人员应佩戴明显的标志，严格按照指挥信号、旗语、手势和哨音规范进行指挥操作。 15. 吊物捆绑挂牢是否符合以下要求： 15.1 吊物捆绑正确，牢固可靠，较长的管材、钢结构等严禁用单绳扣捆绑吊装，吊在高处的吊物应有溜绳，必要时须焊接吊耳或采取其他安全措施，防止碰刮它物； 15.2 不准用吊钩直接缠绕重物，不得将不同种类或不同规格的吊索混在一起使用。吊具吊索承载不得超过额定起重量，吊索不得超过安全负荷，吊装前应检查其连接点是否牢固，可靠； 15.3 吊重物时，链所经过的棱角处应加村垫，起吊重物时，起吊重物，链吊绳、吊斗等器具；使用专门的吊篮、吊斗等器具； 15.4 吊物捆绑、吊挂后或平衡而可能滑动的物件不得进行起重操作；吊运零散的物件应	2) 编制检维修方案； 3) 办理检维修手续，设备设施交付检维修手续； 4) 对检维修人员进行安全培训教育； 5) 检维修前对安全措施进行确认； 6) 为检维修作业人员配备适当的劳动保护用品； 7) 办理各种作业许可证。 （2）对检维修现场进行安全检查。 （3）检维修后办理检维修交付生产手续。 7.1 作业许可 企业应对下列危险性作业活动实施作业许可管理，严格履行审批手续，各种作业许可证中应有危险、有害因素识别和安全措施内容： （7）吊装作业

150

序号	检查项目	检查内容	检查要点	检查依据
			15.5 不得绑挂和起吊不明重量或与其他重物相连、埋在地下或与地面和其他物体冻结在一起的重物；	
			15.6 单机吊装时，吊点和吊物的重心应在同一垂直线，捆绑余下的绳头，应紧绕在吊钩或吊物之上；	
			15.7 用两台或多台起重机械吊运同一重物时，各台绳所承的载荷不能超过各自额定重能力的80%，运行应保持同步；	
			15.8 在制动器、安全装置失灵，吊钩螺母防松装置损坏，钢丝绳损伤达到报废标准等情况下禁止起重操作；	
			15.9 无法看清场地，吊物情况和指挥信号时不得进行起重操作；	
			15.10 正式起吊前是否进行试吊，试吊中检查全部机具、地锚受力情况，确认一切正常，方可正式吊装；	
			15.11 当起重臂、吊钩或吊物下面有人，吊物上有人或浮置物时不得进行起重操作；	
10	直接作业环节管理	起重作业符合相关标准要求	15.12 吊装过程中，没有指挥令任何人不得擅自离开岗位；	
			15.13 人员与吊物保持一定的安全距离；放置吊物就位时，可用拉绳或撑杆、钩子辅助就位，不许解开吊索具；	
			15.14 指挥吊运、下放吊钩或吊物时，应确保下部人员、设备的安全；重物就位前，不许解开吊装索具；	
			15.15 起重臂、重物上不得站人，禁止人员随吊重物或起重吊钩、吊物下停留，不得停留在起重机运行通道上；	
			15.16 轮式起重机带载荷行走时，不得超过额定载重量的70%，吊物位于正前方，离地高度不得超过50cm，行驶应缓慢；	
			15.17 下放吊物时，严禁自由下落（溜），不得利用极限位置限制器停车；	
			15.18 在停工或休息时，不得将吊物、吊笼、吊具、吊臂和吊索悬吊在空中；	
			15.19 在起重机械工作时，不得对起重机械进行检查和维修，禁止在有载荷的情况下调整起升、变幅机构的制动器。	
			16. 遇6级以上大风或大雪、大雨、大雾等恶劣天气时，是否从事露天起重作业。	
			17. 起重作业完毕应将吊钩和起重臂是否放到规定的稳妥位置，所有控制手柄均应放到零位。对使用电气控制的起重机械，是否将总电源开关切断	

序号	检查项目	检查内容	检查要点	检查依据
10	直接作业环节管理	土石方作业相关符合标准要求	1. 破土施工作业是否办理《土石方作业许可证》。作业前，工程主管部门是否组织总图主管部门及电力、电信、机动、消防、安全等有关部门和破土施工区域所属单位，进行生产、施工及地下设施的主管单位进行确认，办理《土石方作业许可证》。 2. 破断消防道路是否办理《占用、破断消防道路许可证》。一个施工点办理一张《土石方作业许可证》。 3. 施工单位是否根据土石方的工作任务、交底消防要求，制定施工方案，落实安全措施，并向施工人员交底。 4. 在施工点办理消防道路许可证时，是否在醒目处设置警示牌。 5. 深度超过 2m 的坑沟内有人作业时，危险区域内及其他区域开挖深度超过 2m 的施工，是否采用坑洞和从下向上方等设施。施工现场是否派人监护。 6. 挖掘破土时应由上至下逐层挖掘，是否采用向下快速进出设施。 7. 深度大于 2m 时是否设置人员上下梯子等保证人员上下迅速进出设施，夜间是否设置警示牌。 8. 破土开挖，应防止邻近建（构）筑物、道路、管道等下沉和变形，是否在必要时采取防护措施，加强监测，防止沉降和位移。 9. 在邻近建、构筑物进行土方作业，当挖掘深度超过建、构筑物基础深度时，是否办理分段挖掘，每段长度不大于 2m。 10. 在挖掘地坑、坑、构筑物进行土方作业，无地下水及挖方散露时，可挖成直壁，不加支撑。否则是否放坡或加支撑防护。 11. 符合上条深度因条件不能放坡时，是否采用固壁支撑，固壁支撑木料板厚不小于 5cm，撑木直径不小于 10cm。 12. 开挖沟、坑、槽作业时，距离边沿 0.8m 内禁止堆土，0.8～3m 堆土高度不得超过 1.5m，3～5m 堆土高度不得超过 2.5m，振动机械距边沿不得少于 4m，汽车不少于 3m，翻斗车在沟槽内剔料时是否在距边沿 1m 处打掩。 13. 坑、沟等边坡有裂缝、支撑变形、折断、滑坡、塌方、情况异常或发现不明物体时，是否立即停止作业，撤出人员并设置警戒区，夜间设红灯。 14. 土石方作业涉及用火、地沟内临时用电、临时休息、进入受限空间等作业时，是否办理相应的作业许可证。 15. 土石方作业许可证应符合标准要求	国家安全监管总局《危险化学品从业单位安全生产标准化评审标准》安监总管三[2011]93 号发布 **6.6 检维修** 3. 企业在进行检维修作业时，应执行下列程序： （1）检维修前： 1）进行危险、有害因素识别； 2）编制检维修方案； 3）办理工艺、设备设施交付检维修手续； 4）对检维修人员进行安全培训教育； 5）检维修前对安全控制措施进行确认； 6）为检维修作业人员配备适当的劳动保护用品； 7）办理各种作业许可证； （2）对检维修现场进行安全检查。 （3）检维修后办理检维修交付生产手续。 **7.1 作业许可** 企业应对下列危险性作业活动实施作业许可证管理，严格履行审批手续，各种作业许可证中应有危险、有害因素识别和安全措施： （3）土石方作业； （10）其他危险性作业。

序号	检查项目	检查内容	检查要点	检查依据
10	直接作业环节管理	放射作业符合相关标准要求	1. 进行射线作业时，是否办理《射线作业许可证》，有效期为24h。 2. 探伤设备使用单位取得地方卫生、公安部门颁发的《放射性同位素许可登记证》和《放射装置工作许可证》，才能进行射线探伤作业。 3. 从事放射性同位素工作的人员，是否有卫生部门颁发的《放射工作人员证》及《放射工作人员证》方可从事射线作业。 4. 射线作业前，是否针对作业内容，对射线作业进行危害识别，制定相应的作业程序及安全措施，并经作业点所在车间确认各项安全措施已落实。 5. 作业点所在车间，并能确认是否在射线作业影响范围内的相关单位。 6. 射线作业是否安排专人监护。 7. 在工作现场，每次工作开始前，探伤作业人员是否按时进行。设置警戒标志（警绳、警灯、报警装置），并设专人监护。 8. 每次作业前是否清理防护区域内的人员，完善防护设施，确认无误方可开始作业。防止任何人在射线防护机内作业。 9. 使用放射射线探伤机作业时，工作人员是否使用个人剂量计和个人剂量报警仪，对整个工作过程进行不间断监测。 10. 每天射线探伤作业结束后，是否将使用的放射性同位素的主机送回源库存放，特殊情况须设临时储存场所的，是否经过本单位和工作场所所在单位确认，设置放射性标志，指定专人负责安全保卫	国家安全监管总局《危险化学品从业单位安全生产标准化评审标准》安监总管三[2011]93号发布 6.6 检维修 3. 企业在进行检维修作业时，应执行下列程序： (1) 检维修前： 1) 进行危险、有害因素识别； 2) 编制检维修方案； 3) 办理检维修手续； 4) 对检维修人员进行安全培训教育； 5) 检维修前对安全制措施进行确认； 6) 为检维修人员配备适当的劳动保护用品； 7) 办理各种作业许可证。 (2) 对检维修现场进行安全检查。 (3) 检维修后办理检维修交付生产手续。 7.1 作业许可 企业应对下列危险性作业活动实施作业许可管理，严格履行审批手续，各种作业许可证中应有危险、有害因素识别和安全措施内容： (10) 其他危险性作业
		试压作业符合相关规定要求	1. 施工单位在进行试压作业前，是否办理《试压作业许可证》。 2. 试压作业时，试压作业区域是否设置警戒线、悬挂警告标志。 3. 进行试压作业前，施工单位是否针对作业内容对试压作业进行危害识别，制定相应的施工方案及安全措施。 4. 试压作业时，施工单位是否安排本单位职工对试压作业进行作业监护。 5. 压力表应安装于试压设备的高处和低处，不少于两处。 6. 水压试验时，设备、管道的最高点是否安装放空阀，最低点安装排水阀。	国家安全监管总局《危险化学品从业单位安全生产标准化评审标准》安监总管三[2011]93号发布 6.6 检维修 3. 企业在进行检维修作业时，应执行下列程序： (1) 检维修前： 1) 进行危险、有害因素识别； 2) 编制检维修方案； 3) 办理检维修手续； 4) 对检维修人员进行安全培训教育；

续表

序号	检查项目	检查内容	检查要点	检查依据
10	直接作业环节管理	试压作业符合相关规定要求	7. 一般情况下应用水作为试压介质，用可燃性液体进行液压试验时，温度是否低于其闪点，且25m范围内不得有火源，并备有消防器材。 8. 按设计规定对空气进行安全检查。置换干净并合格后方可作业。 9. 带压设备、管道严禁受到强烈冲击，升压和降压是否缓慢进行。 10. 检查及试压过程中，在法兰、法兰盖侧面、封头对面对焊缝或焊缝不得站人，对面不得站人。 11. 试压过程如发现泄漏，不得带压补焊或修理。 12. 试压过程中如出现异常情况是否立即停止试压作业。 13. 拆装盲板、人孔时是否办理《拆装盲板、人孔作业许可证》	5) 检维修前对安全控制措施进行确认； 6) 为检维修人员配备适当的劳动保护用品； 7) 办理各种作业许可证。 (2) 对检维修现场进行安全检查。 (3) 检维修后办理检维修交付生产手续。 7 作业安全 7.1 作业许可 企业应对下列危险性作业活动实施作业许可管理，各种作业许可证中应严格履行审批手续，有害因素识别和安全措施交付生产手续。 (10) 其他危险性作业。 7.2 警示标志 4. 企业应在检维修、施工、吊装等作业现场设置警戒区域和安全标志，在检维修现场进行危险、井、洼、沟、陡坡等场所设置围栏和警示灯。 7.3 作业环节
11	拆除和报废	拆除和报废符合相关规定要求	前交底 1. 作业负责人是否与需拆除设施的主管部门和使用单位共同到现场进行作业 2. 作业人员是否进行危险、有害因素识别； 3. 是否制定拆除计划或方案； 4. 是否办理拆除设施交接手续	国家安全监管总局《危险化学品从业单位安全生产标准化评审标准》安监总管三〔2011〕93号发布 6.7 拆除和报废 1. 企业应严格执行生产设施拆除和报废管理制度。拆除作业前，拆除单位应与需拆除设施的主管部门和使用单位到现场进行对接，作业人员进行危险、有害因素识别，制定拆除计划或方案，办理拆除设施交接手续

参 考 文 献

1　胡永宁，马玉国，付林，俞万林. 危险化学品经营企业安全管理培训教程. 第二版. 北京：化学工业出版社，2011.

2　李荫中. 危险化学品企业员工安全知识必读. 北京：中国石化出版社，2007.

3　徐厚生，赵双其. 防火防爆. 北京：化学工业出版社，2004.

4　蒋军成. 危险化学品安全技术与管理. 北京：化学工业出版社，2009.

5　付林，方文林. 危险化学品安全生产检查. 北京：化学工业出版社，2015.

6　方文林主编. 危险化学品基础管理. 北京：中国石化出版社，2015.

7　方文林主编. 危险化学品法规标准. 北京：中国石化出版社，2015.

8　方文林主编. 危险化学品应急处置. 北京：中国石化出版社，2015.